Claude Nuridsany
Marie Pérennou

Wunderwelt der Makrofotografie

Laterna magica

Inhalt

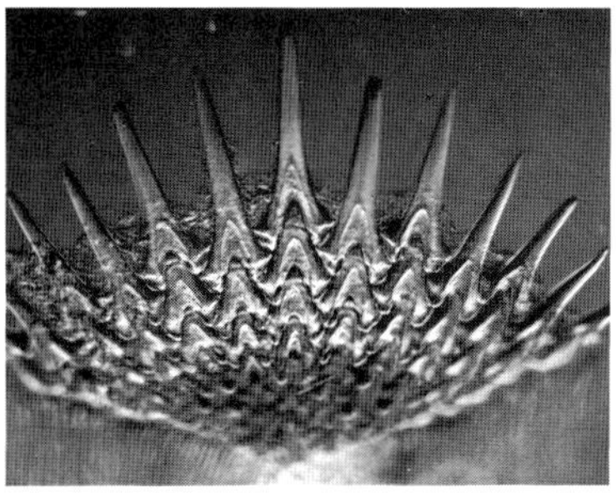

Vorwort

Die Beobachtung der Natur blieb lange Zeit eine rein beschauende oder betrachtende Tätigkeit, die sich viel zu sehr von den alltäglichen Problemen der Menschen entfernte, als daß man sie als ernste Beschäftigung angesehen hätte.

Als in der Mitte des XIX. Jahrhunderts der französische Entomologe Jean Henri Fabre seine ersten Studien unternahm, begegnete er überall nur nachsichtigem Lächeln; die einzigen Menschen, die seiner Arbeit eine leidenschaftliche Begeisterung entgegenbrachten, waren Kinder. Bekannt sind die Unannehmlichkeiten, die ihm seine Studie über den Mistkäfer (Scarabée sacré) bereitet haben. Um dieses kleine Insekt, das sich vom Pferdemist ernährt, zu füttern, wandte er sich an den Knecht seines Nachbarn. Eines Tages aber entdeckte der Bauer den seltsamen Handel, der tagtäglich hinter seinem Rücken stattfand. Die Erklärungen Fabres hielt er für einen hämischen Scherz, der nur dazu diente, die wahren Gründe des Geschäftes zu verschleiern, nämlich billigen Dünger zu kaufen . . . Die Natur beobachten: Diese Tätigkeit gilt heutzutage entweder als Zeitvertreib oder als Teil der wissenschaftlichen Forschung. Für uns, die Autoren dieses Buches, ist sie aber ein Beruf geworden, der sich sozusagen auf der Mittelachse zwischen diesen beiden Polen befindet.

Wenn uns die Leute dabei zusehen, wie wir stundenlang auf einer Wiese knien, betrachten sie uns zuerst erstaunt aus der Entfernung. Da sie aber ihre Neugier nicht überwinden können, kommen sie schließlich näher und entdecken unsere fotografische Ausrüstung. Ab diesem Augenblick knüpfen sie ein Gespräch an, das sich um alles Mögliche drehen kann: um fotografische Techniken, um erstaunliche Angewohnheiten der Ameisen . . .

Ja, der Ton hat sich geändert. Auch wenn man uns bezüglich unserer «lästigen» Kleintiere immer noch neckt, gibt man immerhin zu, daß wir wirklich einen Beruf haben und sogar einen interessanten. Diese neue Neigung zur Natur ist keineswegs vorübergehend oder uneigennützig; sie ist in einer neuen Einstellung des Menschen verankert; nämlich in dem Bewußtsein, daß die Natur schwerwiegend bedroht ist. Der Bevölkerungszuwachs, die Vergeudung der Rohstoffe, die Umweltverschmutzung, das in die Höhe schnellende Wachstum, alle diese Fakten zwingen die Menschen dazu, die Augen zu öffnen.

Um die Jahrhundertwende entwickelte sich allmählich ein neuer Wissensbereich der biologischen Wissenschaft: die Ökologie. Sie untersucht die Beziehungen der Lebewesen zueinander und zu ihrer belebten und unbelebten Umwelt. Ohne Wundermittel vorzuschlagen, stellt sie die herkömmlichen Probleme des Menschen unter einem anderen Aspekt dar und erlaubt somit eine bessere Einschätzung seiner wirklichen Bedürfnisse. Parallel zu dieser Wissenschaft sind zahlreiche Gesellschaften zum Schutz der Natur – ökologische Bewegungen – entstanden sowie Bücher und Zeitschriften erschienen. Trotz eines manchmal verwirrenden Ideenstroms sind sie doch als gutes Omen anzusehen, da sie den Wunsch nach einem neuen Verhältnis zur Natur offenbaren. Dieses Buch befaßt sich zwar nur mit einem sehr begrenzten Teil der Natur, dennoch legen wir Wert darauf, unsere Zusammengehörigkeit zu diesen Bewegungen zu bekunden.

Dem Leser wird unsere Beschrei-

Blutrote Heidelibelle (Sympetrum sanguineum) [3x]. Während der Paarung bilden die Libellen ein auf dem Kopf stehendes Herz. Mit seiner Hinterleibszange ergreift das Männchen seine Hochzeitsgefährtin im Nacken. Das Weibchen biegt dann seinen Hinterleib nach vorn unter das Männchen, um seine Spermien zu empfangen.

Abbildungsmaßstab: 1:2,5.
Makroobjektiv 55 mm.
Blende: 5,6.
Beleuchtung: Tageslicht.
Hintergrund: Blätter des Gefleckten Aronstabs (Arum maculatum).
Film: Kodachrome 64.

Anmerkung:
Die Zahl in eckigen Klammern, z. B. [3x], gibt die Vergrößerung des Motivs auf der Abbildung im Buch im Verhältnis zu seiner natürlichen Größe an.
Der «Abbildungsmaßstab» ist das Verhältnis der Größe des Objekts auf dem 24X36 mm großen Originaldia zu seiner natürlichen Größe.
Für alle Aufnahmen mit Elektronenblitz wurde Kodachrome 25 (15 DIN) verwendet, für die Tageslichtaufnahmen Kodachrome 64 (19 DIN).

bung der Zerstörung der Natur oder der zu treffenden Maßnahmen manchmal vielleicht zu lang und ausführlich vorkommen. Diese Ausführlichkeit scheint uns aber geboten, da sich der Makrofotograf mit Lebewesen beschäftigt, die in ein paar Jahren schon für immer verschwunden sein können.

Diese Buch ist als praktischer Ratgeber für den Amateur gedacht. Es soll ihn veranlassen, den ersten Schritt auf dem Gebiet der Nahfotografie zu wagen, oder seine Kenntnise zu vervollkommnen. Hätten wir uns auf die simple Darstellung der gewiß unentbehrlichen Techniken beschränkt, wäre uns das Buch unvollständig erschienen. Zweifellos würde ihm sogar das Wesentliche fehlen. Makrofotografie ist nämlich unserer Meinung nach nicht möglich ohne eine Art leidenschaftlichem Drang, die lebendige Welt zu erforschen. Der Leser wird nun verstehen, warum wir Insekten, die uns entweder durch ihre Gestalt oder ihr Verhalten besonders interessierten, manchmal ziemlich ausführlich beschrieben haben.

Die Auswahl der Beispiele erhebt keinen Anspruch auf eine representative Darstellung der Kleintierwelt. Es lag vielmehr in unserer Absicht, den Leser anzuregen, diese Welt weiter zu erforschen.

Rechts: Tulpe [4x]. Wenn man den Blumenkelch öffnet, entdeckt man die Fortpflanzungsorgane: gelber Fruchtknoten in der Mitte, umgeben von schwarzen Staubgefäßen, in denen die Pollen gebildet werden.

Abbildungsmaßstab: 1:2.
Makroobjektiv 55 mm.
Blende: 16.
Beleuchtung: Elektronenblitz-Gegenlicht.

Links: Tulpenknospe [7,5x]. Querschnitt, von oben gesehen. Kron- und Kelchblätter sind noch zusammengerollt. Sie bilden eine Art Schutzhelm um die Fortpflanzungsorgane.

Abbildungsmaßstab: 1,5:1.
Makroobjektiv 55 mm und Balgengerät.
Blende: 22.
Beleuchtung: Zwei Elektronenblitze; der eine in Gegenlichtstellung schräg unten, der andere in Frontlichtposition.

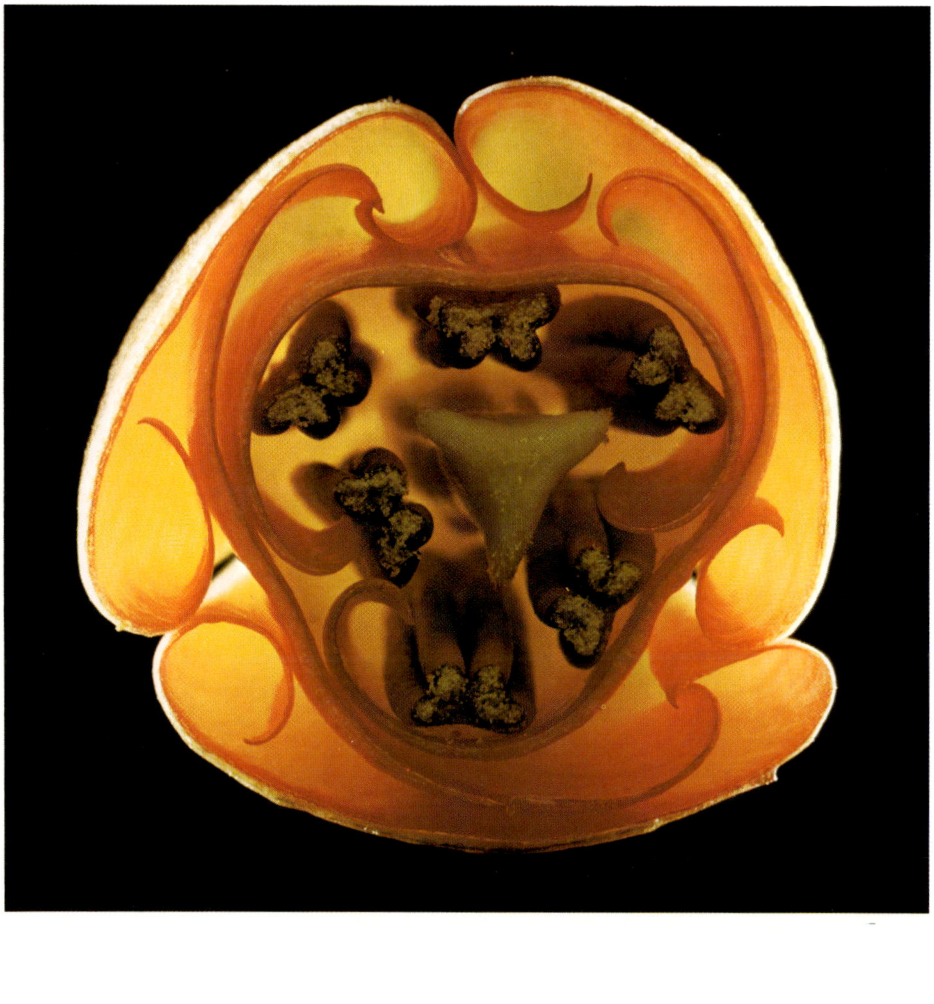

Mit offenen Augen durch die Natur

Die Tiere und Pflanzen, die wir beschreiben, sind keineswegs selten. Einige von ihnen sind im Mittelmeerraum beheimatet. Um ihnen zu begegnen – zumindest was die meisten von ihnen betrifft –, braucht man nicht fremde Erdteile zu erforschen, sondern lediglich den Stadtrand oder einen Garten zu erkunden. Ihre Besonderheit und wahrscheinlich auch ihre Originalität besteht darin, daß unsere Motivwelt einer ganz anderen Größenordnung angehört. Es sind alles winzige Wesen, und um sie zu entdekken, muß man sich eine neue Sehweise angewöhnen.

Jedoch bereitet dem Beobachter nicht allein die Winzigkeit dieser Insekten Schwierigkeiten. Wenn auch manche Insekten unsere Blicke durch ihre wunderschönen, bunten Farben fesseln können, so gelingt anderen, und zwar den meisten von ihnen, genau das Gegenteil, nämlich sich diesen Blicken durch ein raffiniertes Tarnsystem zu entziehen.

Nicht zu übersehen: die Tiere mit Warntrachten

Manche Insekten erregen die Aufmerksamkeit des Spaziergängers ganz zwangsläufig. Ihr besonders auffallendes Gewand, ihre mit Ausschmückungen und Verzierungen versehene glitzernde Tracht erstaunt und fesselt ihn. Diese seltsamen Tiere gehören zu den ersten Jagdtrophäen des naturwissenschaftlichen Amateurs und oft bilden sie den Grundstock einer Foto-Sammlung. Bald stellt sich jedoch die Frage, wozu diese Farbenpracht dient. Wer sich derart herausfordernd zur Schau stellt, begibt sich doch in Gefahr! Und zwar in die Gefahr, Zielscheibe des nach leicht zu erbeutenden Opfern suchenden Insektenfressers zu werden. Es hieße die Natur mißverstehen, wollte man glauben, die Livree dieser kleinen Tiere wäre das Ergebnis ästhetischer Bemühungen oder einem geheimnisvollen Zufall zuzuschreiben. Das Überleben ist viel zu wichtig, als daß sich die Natur solche Launen leisten würde.

Achtung vor der «Uniform»!

Die Tiere mit Warntracht, wie man diese leuchtenden lebenden Kleinodien der Natur nennt, sind nur eine Minderheit innerhalb der Kleintierwelt. Die meisten haben aber die Möglichkeit, sich gegen Feinde zu wehren. Der beliebte Marienkäfer z. B., der durch seine seltsame Tracht oft in heikle Situationen gerät, sondert bei Gefahr ein gelbes Sekret ab, dessen unangenehmer Geruch den Angreifer abschreckt.

Die Raupe des Schwalbenschwanzes (Papilio machaon) trägt ebenfalls ein sehr auffälliges Gewand: grün und schwarz gestreift und mit leuchtenden roten und schwarzen Punkten geschmückt. Wenn sie gestört wird, schiebt sie hinter dem Kopf eine stark riechende orangefarbene fleischige Gabel aus, die jeden Feind zurückschrecken läßt.

Der Feuersalamander (Salamandra salamandra), dessen schwarzes Kleid von hellgelben Flecken übersät ist, gehört zu den buntesten Lurchen Europas. Unter seiner verführerischen Hülle verbergen sich aber Tausende von Giftdrüsen (besonders konzentriert um die Augenpartien). Für den Menschen sind diese Hautsekrete ungefährlich, solange man sie nicht auf empfindliche Schleimhäute bringt,

Raupe eines Nachtschmetterlings aus der Familie der Eulenfalter (Noctuidae) [4x]. Mit ihrer hellgelben, schwarz gesprenkelten und gestreiften Livree ist diese Raupe zwischen den Ginsterblüten ideal getarnt. Hier findet sie außerdem die bevorzugte Nahrung.

Abbildungsmaßstab: 1:2.
Brennweite: 105 mm und Balgengeräte.
Blende: 16.
Beleuchtung: Tageslicht mit Elektronenblitzaufhellung, um starke Schlagschatten bei direktem Sonnenlichteinfall zu vermeiden.

Krabbenspinne (Misumena vatia) auf einer Marguerite [2x]. Diese Spinne kann ihre Farbe je nach Blüte, in der sie sitzt, verändern. Mit weit gespreizten Beinen lauert sie auf das bestäubende Insekt, das die Gefahr nicht rechtzeitig erkennt.

Abbildungsmaßstab: 1:2,5.
Makroobjektiv 55 mm.
Blende: 8.
Belichtungszeit: 1/125 s.
Beleuchtung: Tageslicht am Mittag.

etwa indem man mit dem Finger, mit dem man einen Feuersalamander berührt hat, in den Augen reibt. Sie wirken aber sehr stark auf die Schleimhaut des Maules eines Salamanderfeindes, der die «brennende Beute» gleich ausspuckt.

Manche farbenprächtigen Tiere verfügen sogar über noch stärkere Verteidigungswaffen, z. B. über einen giftigen Stachel wie die Wespe, die mit den gelben und schwarzen Streifen ihres Abdomens ihre Feinde eigentlich geradezu herausfordern müßte.

Alle diese Tiere haben eines gemeinsam: Ihr farbenprächtiges Gewand, gekoppelt mit einem Verteidigungsmechanismus, der sie für den Verfolger ungenießbar macht, sie aber in vielen Fällen auch befähigt, sich aktiv zur Wehr zu setzen. Diese Kombination bietet unschätzbare Vorteile: Nach einem mißlungenen Versuch lernt nämlich der Feind sehr schnell, dieser scheinbar leichten, weil auffallenden Beute aus dem Wege zu gehen. In seinem Gedächtnis werden die farbigen Objekte mit unangenehmen Erfahrungen in Verbindung gebracht. Das bunte Gewand des einmal begehrten Tieres verwandelt sich in ein Warnsignal «ungenießbar». Die Warntracht, alles andere als eine attraktive Kleidung, gleicht den roten Etiketten, die beim Apotheker auf Flaschen mit giftigen Substanzen geklebt werden. Insofern ist diese Warnfärbung ein sehr wichtiger Faktor, der das Überleben dieser Kleintierarten begünstigt. Zwar müssen einige von ihnen dafür ihr Leben lassen; dieses Opfer ermöglicht aber gleichsam eine Schutzmauer zwischen den Verfolgern und der großen Masse der betroffenen Tierart, die sich dann unbehelligt weiter fortpflanzen kann. Durch natürliche Selektion (Auslese) können sich immer wirksamere Warntrachten herausbilden, jedoch nur bei solchen Tieren, deren Waffen nicht so wirksam sind, daß Angreifer sogleich getötet werden.

Schön, aber ungenießbar

Zahlreiche Experimente haben unsere vorhergehenden Behauptungen bestä-

tigt. So hat man festgestellt, daß eine unerfahrene Kröte zuerst gierig nach auffallenden Insekten schnappt. Wenn diese aber eine so wirksame Waffe wie einen Stachel haben, spuckt die Kröte ihre Beute sogleich wieder aus und wagt diesen Versuch nicht zweimal.

Versuche mit Vögeln zeigten ähnliche Ergebnisse: Wenn man Vögeln, die in ihrem Leben schon Erfahrung mit lebender Beute gemacht haben, in der Natur eine Auswahl an farbenprächtigen Insekten, gemischt mit anderen, deren Farben viel blasser sind, anbietet, zögern die Vögel keinen Augenblick und picken nur die unscheinbaren Insekten auf. Die Forscher haben sogar selbst neue Tiere mit Warnsignalen fabriziert, indem sie Mehlwürmer – Larven des kleinen Mehlkäfers (Tenebrio molitor) – mit grünen Streifen bemalten. Sie hatten sie außerdem mit Chinin bespritzt, damit sie völlig ungenießbar wurden. Stare sind normalerweise sehr erpicht auf solche saftige Beute. Sie lernten aber sehr schnell, diese Neulinge in die Kategorie der «Ungenießbaren» einzuordnen.

Die Farbe der kleinen Tiere ist also ein visuelles Zeichen, dessen bloßer Anblick jeden Angriff eines Insektenfressers im Keim erstickt.

Obwohl diese Tiere mit Warntracht insgesamt nur eine Minderheit innerhalb der Kleintierwelt bilden, sind sie doch recht häufig anzutreffen. Wenn nun jede Art ein eigenes Warnzeichen benutzen würde, müßten sich die Angreifer an eine Unmenge von bunten Motiven erinnern, die Unannehmlichkeiten mit sich bringen. Wenn aber mehrere Arten dasselbe oder ein ähnliches Zeichen benutzen, so braucht der Feind nur ein einziges Exemplar von ihnen zu kosten und lernt auch dabei, daß auch die anderen ungenießbar sind. Eine einzige Kostprobe genügt und die gesamte Gruppe mit dem gemeinsamen Warnsignal ist vor Angriffen sicher.

In der Natur gibt es viele Beispiele solcher Standardisierungen von Signalen, die man wissenschaftlich zu den Schlüsselreizen rechnet. Bei einer Familie von Nachtfaltern, die wegen ihrer dichtbehaarten Raupen Bärenspinner (Arctiidae) genannt werden, benutzen mehrere Arten dasselbe Warnzeichen. Die schwarzen Vorderflügel sind mit weißen Flecken oder zebraartigen Streifen geschmückt. Wenn der Falter ruht, verdecken die Vorderflügel die mit schwarzen Punkten gesprenkelten roten bzw. gelben Hinterflügel des Falters fast völlig. Der dicke und unförmige Körper weist dieselbe leuchtende Färbung auf. Diese Insekten versuchen keineswegs sich zu verstecken. Im Gegenteil, sie setzen sich fast immer an

Mauergecko (Tarentola mauritanica) aus Südeuropa. [1,5x]. Er kann die Hautfarbe der Farbe seiner Umgebung anpassen. Auf dem Bild ahmt er die mit Vogelkot bedeckte Borke einer Zerr-Eiche nach.

Abbildungsmaßstab: 1 : 3,33.
Brennweite: 105 mm und Zwischenring.
Blende: 22–32.
Beleuchtung: Elektronenblitz.

Ein Nachtfalter aus der Familie der Bärenspinner (Arctiidae) [14x]. Wenn ihm ein Feind zu nahe kommt, entblößt er sofort seine knallroten Hinterflügel und sein Abdomen, die kurz vorher noch von seinen Vorderflügeln versteckt waren. Um den erschreckten Angreifer endgültig zu demoralisieren, sondert er gleichzeitig ein giftiges Sekret ab. Dieses Einschüchterungsverfahren ist charakteristisch für viele farbenprächtige Insekten. Ihre grellen Farben nennt man «Warnfarben». Der Vogel, der einmal versucht, einen Schwarzen Bären zu fangen, wird dieses schmerzhafte Erlebnis nie vergessen. Er wird den auffälligen Faltern in Zukunft immer aus dem Wege gehen. Geschützt durch ihre bunte Livree versuchen die Tiere mit Warntrachten überhaupt nicht, sich zu verstecken.

Abbildungsmaßstab: 1,4:1. Makroobjektiv 55 mm und Balgengerät. Blende: 22. Beleuchtung: Vorderlicht und Zusatzblitz in Gegenlichtposition von schräg oben, wodurch die Farbenpracht der Flügel besonders gut zur Geltung kommt.

ungeschützte Stellen, als ob sie damit ausdrücken wollten: «Ich bin ungenießbar – und als solches muß man mich respektieren».

Wenn ein Feind dem Schwarzen Bären (Arctia villica) zu nahe kommt, entblößt der Falter im Nu das Rote seiner Hinterflügel und seines Abdomens. Um den Angreifer endgültig zu entmutigen, sondert er aus seinen Brustdrüsen ein giftiges Sekret ab.

Die Widderchen, auch Blutströpfchen (Zygaenidae) genannt, zählen ihren anatomischen Kennzeichen nach zu den Nachtfaltern, sind aber nur tagsüber aktiv. Die meisten Arten dieser Familie haben folgende Merkmale: Rot-schwarze Vorderflügel, rote Hinterflügel, schwarze Körper. Die Widderchen besitzen ein wirksames Abwehrmittel, einen echten chemischen Cocktail, in dem u. a. Blausäure (Cyanwasserstoff) enthalten ist. Die Falter selbst sind sehr widerstandsfähig gegen Zyankali. Im Laufe der Zeit sind einige Warnsignale so wirksam geworden, daß andere nicht unmittelbar verwandte Arten, die selbst keine Waffe gegen Insektenfresser besitzen, das Gewand von Tieren mit Warntracht angenommen haben, die sich tatsächlich wehren können. Sie haben sich die Vorteile gewissermaßen erschlichen. Diese spezielle Form schützender

Ähnlichkeit und Signaltäuschung nennt man Mimikry.

Auf diese Art und Weise werden ganz harmlose Tiere vor potentiellen Feinden geschützt, wie z. B. die Schwebfliegen (Syrphidae) dank ihrer wespenähnlichen Warnkleidung. Der Feind läßt sich von dem schwarz-gelb gestreiften Hinterleib leicht täuschen. Solchen Nachahmungen begegnet man auch in der Ordnung der Schmetterlinge (Lepidoptera); die Glasflügler (Aegeriidae) z. B. haben sich nicht nur damit begnügt, die schwarzgelbe Färbung der Wespe zu übernehmen, sie haben sich sogar – wohlbemerkt als Schmetterlinge! – mit ganz seltsamen, bis auf die Ränder glasklaren, farblosen, schmalen Flügeln geschmückt.

Versteckte Pracht zu entdecken!

Die farbenprächtigen Kleintiere, die den Blick des Menschen sofort fesseln, sind aber nicht die einzigen Kuriositäten, die uns die Natur bietet. Wenn der Spaziergänger einen Augenblick verweilt und sich bückt, um eine Wiese näher zu betrachten, so kann er noch weit subtilere Entdekkungen machen.

Krabbenspinne (Familie der Thomsidae) [7x] beim Fangen einer Biene. Diese Krabbenspinnenart begnügt sich nicht damit, die zarte grünweißgestreifte Minze, die sie beherbergt, nachzuahmen. Sie bildet auch Haare, die dem Flaum der Pflanze so ähneln, daß es praktisch unmöglich ist, zwischen den bärtigen Beinen der Spinne und den behaarten Nervengeweben der Blätter zu unterscheiden. Das Opfer war dieses Mal eine noch von Pollen bedeckte Biene.

Abbildungsmaßstab: 1:1,1.
Brennweite: 105 mm und Balgengerät.
Blende: 22.
Beleuchtung: Elektronenblitz und Aufhellkarton, um die Schatten abzuflachen.

In der Vegetation entdeckt er plötzlich ein Gewimmel von gut getarnten, aber sehr geschäftigen Tierchen. Fasziniert von der außergewöhnlichen Vielfalt ihrer Körper, ihrer Verhaltensweisen, und angeregt durch den unwiderstehlichen Drang, diese Kleinlebewelt zu verstehen, werden die Augen nicht müde, sie zu beobachten. Dieses Beobachten ist der erste Schritt zur Entdeckung einer neuen Dimension; dadurch wird sich der Spaziergänger des Begriffs der «kurzen Entfernung» langsam bewußt.

Tausende von Lebewesen, die er bis jetzt noch nie bemerkt hatte, tauchen plötzlich vor seinem Auge auf. Ihr Aussehen wie ihr Verhalten ist der Umgebung so vollkommen angepaßt, daß er seinen Blick zunächst etliche Male über sie schweifen läßt, ohne sie wahrzunehmen. Bei intensiver Beobachtung enthüllen sich aber hinter dem schlichten Erscheinungsbild zahlreiche merkwürdige, wunderschöne Details, die geschickt aufeinander abgestimmt sind.

Nur nicht auffallen!

Der hartnäckige Versuch dieser Tiere, sich zu verbergen, steht in unlösbarem Zusammenhang mit einer fundamentalen Frage, mit der Frage des Überlebens. Nicht alle Tiere besitzen so überzeugende Verteidigungsmittel wie die Tiere mit Warntrachten oder können sich durch Mimikry vor ihren Feinden schützen.

Die harten, doch zugleich nützlichen Gesetze des Existenzkampfs gebieten diesen kleinen Lebewesen zweierlei: «Fressen und nicht gefressen werden.» Flucht oder Abschreckung sind oft die einzigen Verteidigungsmittel der Tiere. Dahingegen bietet das raffiniertere Tarnungsverfahren einen doppelten Vorteil beim Kampf ums Überleben: Der auf der Lauer hockende Feind, der dieses Verfahren benutzt, kann nämlich einerseits seine Beute leicht überrumpeln und hat andererseits die Chance, von denen, die es auf ihn abgesehen haben, nicht bemerkt zu werden. Im Laufe der langen Evolutionsgeschichte fand eine Auslese statt: Diejenigen, die ihre Tarnverfahren am besten entwickelt hatten, überlebten. Dieser Prozeß führte zwangsläufig zu immer raffinierteren Tarnungen.

Kleider machen unsichtbar

Da diese Tiere in der Regel in einer üppigen Flora leben, haben sie sich bei ihrer Tarnung meistens an Pflanzen orientiert. Gottesanbeterinnen, Heuschrecken, Frösche und Eidechsen haben somit die Schutzfarbe «Blattgrün» gewählt, um ihre Zugehörigkeit zur Tierwelt zu verbergen. Die Biologen nennen dieses auf Farbgebung bezogene Tarnungsverhalten «Homochromie», d. h. Übereinstimmung in der Farbe. Oft kombiniert mit ganz bestimmten Verhaltensweisen erweist sich dieses Vertuschen dann als ein wirksames Mittel gegen Feinde. Der Wasserfrosch (Rana esculenta) z. B., der an der Oberfläche des Wassers nur seine Nasenlöcher und seine glotzenden Augen zeigt, ist für seine Feinde praktisch unsichtbar, wenn er sich zwischen den Wasserpflanzen völlig ruhig verhält. Das Große Grüne Heupferd (Tettigonia viridissima), dessen zartes Grün in perfekter Harmonie der Farbe der hohen Grashalme angepaßt ist, bedient sich seltsamer Schliche, die an ein Versteckspiel erinnern. Sobald die Heuschrecke einen Störenfried gesehen hat, verändert sie ihre Haltung derart, daß der Halm, auf dem sie sitzt, sich zwischen ihr und dem Feind befindet. Wenn der Eindringling sich in eine andere Richtung bewegt, wiederholt sie das Manöver, bis sie seine Nähe für zu gefährlich hält und mit einem gewaltigen Sprung flieht.

Leider bleiben die Farben der Pflanzen nicht immer dieselben. Sobald der Herbst ins Land einzieht, nimmt die Vegetation eine ockergelbe Färbung an. Aber viele dieser kleinen Tiere überleben nicht einmal die erste Kälte des Winters; der radikale Farbwandel betrifft sie nicht mehr, sie sterben vorher. Für andere Tierarten aber, die entweder eine höhere Lebenserwartung haben oder sich zweimal im Jahr fortpflanzen können, bringt dieser Wechsel große Probleme mit sich. In

dieser Hinsicht hat die Gottesanbeterin den Vorteil, zwei verschiedene Körperfärbungen annehmen zu können: Je nach der dominierenden Farbe ihrer Umgebung «trägt» sie entweder grün oder braun. Eine Grille des Mittelmeerraumes löst das Problem dadurch, daß jede ihrer drei Generationen ihre Färbung der Jahreszeit anpaßt, in die sie hineingeboren wird. Im Hochsommer tragen diese seltsamen Geschöpfe ein hellgrünes Gewand; die nächste Generation, die dann im Spätsommer erscheint, ahmt die Okkerfarbe des trockenen Grases nach; während die dritte eine dunkelgrüne Tracht wählt, wie die nach dem Herbstregen wieder auflebenden Pflanzen.

Diese Präzision bei der Farbangleichung finden wir auch bei den Puppen der Schmetterlinge. Die Puppen des Schwalbenschwanzes (Papilio machaon), der sich zweimal im Jahr fortpflanzt, erscheinen in zwei Farben: Die Puppen des Sommers sind grün; diejenigen, die überwintern müssen, braun. Die Farbe der Kohlweißling-Puppe (Pieris brassicae) zeigt eine noch bessere Anpassung. Sie verfügt über eine ganze Farbpalette, so daß sie sich mit dem jeweiligen Untergrund – sei es nun Stein, Baumrinde, Zweige, Blätter – verändern kann, und dies bis kurz vor dem Schlüpfen, wobei der zukünftige Schmetterling je nach dem zuletzt ausgewählten Untergrund eine endgültige Farbe annimmt.

Die rotflügelige Schnarrschrecke (Psophus stridulus), die in den trockenen Gegenden Mittel- und Südeuorpas heimisch ist, weist ein noch größeres Talent auf, sich farblich anzupassen. Sie kann ihre Färbung variieren. Das einzige Problem dabei ist, daß sie nach der letzten Häutung die Farbe ihrer

Links: Gottesanbeterin [2x]. Auf der Lauer zwischen den saftigen Gräsern einer Wiese ahmt sie deren zartes Grün nach, um ihr späteres Opfer zu täuschen.

Abbildungsmaßstab: 1:3,3.
Makroobjektiv 55 mm.
Blende: 5,6–8.
Belichtungszeit: 1/125 s.
Beleuchtung: Tageslicht.

Zwischen den ockergelben Pflanzen des Spätsommers ist die unten abgebildete Braune Gottesanbeterin fast unsichtbar geworden [2,5x].

Abbildungsmaßstab: 1:2.
Makroobjektiv 55 mm.
Blende: 4–5,6.
Belichtungszeit: 1/125 s.
Beleuchtung: Tageslicht in der Abenddämmerung.

Laubfrosch (Hyla arborea) [1,5x].
Er hatte sich der Farbe dieses Agavenblattes so gut angepaßt, daß wir ihn fast übersehen hätten. Diese Eigenschaft der Farbanpassung teilt der kleine Laubfrosch mit dem dafür berühmten Chamäleon.

Abbildungsmaßstab: 1:3,33.
Makroobjektiv 55 mm.
Blende: 5,6.
Belichtungszeit: 1/125 s.
Beleuchtung: Tageslicht.
Film: Kodachrome 25 (15 DIN).

Tracht nicht mehr verändern kann und somit ihr Leben lang auf Gedeih und Verderb an dem Ort, dem ihre Hautfärbung angepaßt ist, bleiben muß, wenn sie die Vorteile der Tarnung genießen will. Zu der vorzüglichen Verkleidung dieser Schrecke kommt noch ein anderes Phänomen hinzu: Das plötzliche Zeigen auffallender Färbung. Wird eine Schrecke gestört, startet sie wie eine Leuchtrakete, indem sie ihre farbenprächtigen roten – manchmal auch blauen – Hinterflügel entblößt. Das Auge kann ihre Flugbahn zwar leicht verfolgen, aber wenn das Tier landet, verwischen sich alle Spuren. Der Kontrast ist so stark, weil das Auge noch beeindruckt ist von der Farbenpracht, daß es unmöglich ist, das Insekt wieder zu entdecken.

All diese Tarnungsverfahren zwingen ihre Benutzer, in der Umgebung zu bleiben, deren Färbung mehr oder weniger mit ihrer Tracht übereinstimmt.

Für jede Kulisse das passende Kostüm

Eine raffinierte Möglichkeit, dieses Problem zu umgehen, haben manche andere Insekten. Es stimmt nämlich gar nicht, daß nur das Chamäleon seine Hautfarbe nach Belieben ändern kann. In Wirklichkeit kommt diese Möglichkeit, die einen so zuverlässigen Schutz bietet, viel häufiger vor. Sie wird z. B. von einer Spinnenart, der Krabbenspinne (Misumena vatia) verwendet, deren Name darauf zurückzuführen ist, daß sie sich auch seitwärts fortbewegen kann.

Die Krabbenspinne ernährt sich nicht wie die meisten ihrer Artgenossen: Sie spinnt keine Fangnetze, sondern begnügt sich damit, inmitten eines Blumenkelches, dessen Farbe sie annimmt, auf ihre Beute zu lauern. Mit leicht gespreizten Vorderbeinen und einsatzbereiten Giftzähnen wartet sie darauf, diese blitzschnell zu ergreifen. Alle Insekten, die Nektar von Blüten sammeln und die in der verlockenden Blume den verhängnisvollen Gast nicht rechtzeitig erkannt haben, fallen ihr zum Opfer. Diese Spinne, die als Versteck immer eine Nektarquelle aufsucht, die höchstwahrscheinlich sehr viele Insekten in Versuchung bringen wird, legt eigentlich dieselbe List an den Tag wie die Raubtiere, die am Ufer eines Flusses auf ihre Beute lauern. Die Krabbenspinne kann ihre Farbe je nach Blüte, in der sie sitzt, ändern, und sich der Farbgebung ihrer Wirtspflanze annähernd anpassen, sofern diese gelb und weiß ist (andere Farben kann sie nicht annehmen). Um jedoch eine optimale Anpassung zu erreichen, braucht sie mehrere Tage.

Der kleine Laubfrosch (Hyla arborea) kann seine Farben schneller än-

dern. Dank eines Mechanismus, der auf visueller Information beruht, verändern sich die Pigmente seiner Haut in ein paar Minuten. Er vervollkommnet diese Eigenschaft noch durch seine Ruhelage, die jede Spur eines tierischen Wesens verwischt. Mit Hilfe von Haftballen an den Zehen klebt er an seinem Untergrund fest und zieht dabei die Beine ganz dicht an seinen Körper, so daß er mit seiner Unterlage praktisch verschmilzt. In dieser schlichten pflanzenfarbigen Blase kann man einen Frosch sehr schlecht identifizieren.

Dieses Tarnungsverfahren könnte aber nur eine partielle Wirkung erzielen, wenn es nicht durch ein paar Kniffe ergänzt würde. Alle diese Tiere haben nämlich eine charakteristische Silhouette, die ein Feind leicht wieder erkennen würde, wenn sie eine einheitliche Färbung aufweisen würde. Um diese schnelle Entdeckung zu vermeiden, schmücken sich diese Insekten mit Verzierungen, Flecken, bunten Punkten und dergleichen, die ihre Gestalt sozusagen in Stücke zerfallen lassen. Die ursprüngliche Form scheint auf diese Weise in Einzelfragmente zersprengt, die nicht miteinander in Verbindung gebracht werden, wenn sich das Tier in Ruhestellung befindet.

Beim Laubfrosch ist – wie oben erwähnt – die Haut so glatt und uniform wie Firnis. Links und rechts des Kopfes jedoch umrahmt ein breiter schwarzer Streifen die dunklen Augen, die das Tier hätten verraten können. Mehrere Froscharten benutzen dieses Mittel, um ihre allzu auffallenden Augen zu verstecken. Auch Schlangen, die durch ihre längliche Gestalt leicht erkennbar wären, sind verschwenderisch mit sol-

Zitronenfalter (Gonepteryx rhamni) [2x].
Es konnte bis jetzt noch nicht festgestellt werden, ob die zierlichen Streifen auf den Flügeln des Falters, die sehr stark an das Nervengewebe eines Blattes erinnern, zur Tarnung dienen. Der abgebildete Falter wurde in der Frühe aufgenommen, als er aus der Blüte einer Nachtkerze (Familie der Onagraoeae) trank.

Abbildungsmaßstab: 1:2,5.
Makroobjektiv 55 mm.
Blende: 4.
Beleuchtung: Gegenlicht.
Das Abdomen des Falters schimmert durch die Hinterflügel.
Film: Kodachrome 64.

Die Stabheuschrecke (aus der Ordnung Phasmida) [2x] vermag sich in eine Art lebenden Zweig zu verwandeln. Auf dem Bild oben ahmt sie einen Ginsterzweig nach. Die Aufnahme entstand bei Tageslicht.

Rechts Jungtier einer Fangschrecke (Gattung Empusa) [5x] (verwandt mit der Gottesanbeterin) auf der Lauer. Beleuchtung durch ein über das Motiv gestelltes Blitzgerät. Zweites Blitzgerät zur Hintergrundaufhellung.

chen irreführenden Verzierungen. Damit ihr zusammengerollter Körper nicht entdeckt wird, wenn sie ruhen, hat sie die Natur an der Seite mit zahlreichen Linien versehen, die ihren langgezogenen Leib unterteilen.

«Bäumchen wechsle Dich!»

Das Bestreben, sich unsichtbar zu machen, hat dazu geführt, daß sich manche Tiere so weit entwickelt haben, daß sie wie ein getreues Spiegelbild ihrer Umgebung aussehen. Zu dieser Farbangleichung kommt nun eine Gestaltangleichung hinzu – und die Täuschung ist perfekt.

Der Mondspanner (Selenia bilunaria), ein Schmetterling aus der Familie der Spanner (Geometridae), ahmt zum Beispiel ein gebrochenes Zweiglein nach, indem er sich mit den hinteren Beinpaaren festhält und den Körper steif seitlich wegstreckt. Zur Sicherheit spannt er zwischen seinem Kopf und dem Zweig einen Seidenfaden. Die knotigen Vorsprünge seines Körpers sehen wie die Knoten aus, die nach dem Abfallen der Blätter auf den Zweigen zum Vorschein kommen.

Die Insekten, die dieses Tarnungsverfahren aber am besten entwickelt haben, gehören zur Ordnung der Phasmida. Es sind kleine stabförmige oder blattförmige Schrecken; man nennt sie Stabschrecken und Wandelnde Blätter: Schrecken, deren quasi übernatürliche Eigenschaft, im Nu zu verschwinden, der Ordnung den Namen Gespenstschrecken verliehen hat. Glaubt man, ein Insekt in Bewegung bemerkt zu haben, so löst sich die Erscheinung plötzlich auf und man bekommt nur noch ein Wirrwarr von Zweigen oder Blättern zu sehen. Das Insekt ist unauffindbar.

Gelingt es uns einmal nach mehreren Versuchen, eine Stabschrecke zu entdecken und sie zu berühren, so wird sie steif wie ein Stück Holz und läßt sich zu Boden fallen, sobald wir nach ihr greifen. Es ist dann ein echtes Kunststück, wenn man sie zwischen den Gräsern am Boden wieder finden will. Als wir diese Stabschrecken gezüchtet haben, haben wir mindestens tausend von diesen «ausgetrockneten Zweigen» gesammelt, sie weggeworfen, bevor sie letzten Endes doch aus ihrer erstarrten Position auffuhren und sich so wieder als Insekten zu erkennen gaben.

Neugier ist notwendig…

Wer beobachten und fotografieren will, könnte sich von solchen Tücken des Gesichtssinns leicht entmutigen lassen. Einige Kenntnisse, gekoppelt mit einem unermüdlichen Willen, werden ihm aber dabei helfen, die obengenannten Schwierigkeiten zu bewältigen. Die Vögel sind schließlich auch imstande, wenn sie vom Hunger getrieben werden, die unbeweglichen Stabschrecken zu entdecken. Warum sollte der Naturwissenschaftler nicht über dasselbe Konzentrationsvermögen verfügen, wenn er auf der Suche nach interessanten Beobachtungsobjekten durch eine unstillbare Neugier motiviert ist? Eine Menge Handbücher, die ihm Auskunft über das Leben und die Biotope der verschiedenen Tiere gibt, wird seine Recherchen be-

stimmt erleichtern. Zahlreiche Insekten sind nämlich an eine oder mehrere Nahrungspflanzen gebunden. Das ist z. B. bei der Mittelmeer-Stabschrecke (Bazillus rossii), der oben erwähnten Gespenstschrecke, der Fall. Man findet sie nur auf Ginster oder Stechginster. Die Erscheinung der Insekten hängt von der Jahreszeit und der Gegend ab. Wenn der Naturwissenschaftler sich ganz genau an Einzelheiten ihrer Körper erinnert, fällt es ihm viel leichter, sie zu entdecken, da sein Blick durch diese Kenntnisse geschärft worden ist. An die Stelle dieser theoretischen Kenntnisse wird mit zunehmender Erfahrung bald ein teilweise intuitives Wissen treten, wodurch er die Gegenden, in denen die verschiedenen Tierarten sich vorzugsweise aufhalten, gleich erkennen wird. Der Pilzsucher ist wohl unfähig, eine präzise Beschreibung der Orte, wo die Pfifferlinge wachsen, abzugeben, jedoch wenn er sie sucht, irrt er sich nie. Dabei beruft er sich auf eine Fülle kleiner Indizien, die er allmählich mit diesem Pilz assoziiert hat. Beim planmäßigen Suchen ist eine unerwartete Begegnung natürlich nicht ausgeschlossen. So kann man manchmal echte Raritäten oder ganz einfach ein Insekt, das sich in einem anderen Biotop verlaufen hat, entdecken. Die Entdeckung eines neuen Studienobjektes ist nämlich auch oft dem Zufall zu verdanken. Die Fotografie ist ein vorzügliches Mittel, um die Tricks der gut getarnten Insekten aufzudecken. Der Ausschnitt einer Aufnahme genügt oft, um die optische Täuschung als solche zu entlarven: Die Enttarnung des Tieres kann mittels einer präzisen Schärfeeinstellung, die das «versteckte» Motiv vom verschwommenen Hintergrund deutlich abhebt, noch erleichtert werden. Der Fotograf muß entscheiden, ob er die Tarnung des Tieres respektieren oder ob er sie aufheben will. Die beste Lösung liegt meistens in der Mitte. Ohne danach zu streben, die Gesetze der Fauna und Flora zu verstehen, ist es praktisch unmöglich, in ihre Welt einzudringen. Das Aussehen der Pflanzungen und Tieren ist nie ohne Bedeutung. Es beruht auf der Tatsache, daß sich die Lebewesen gegenseitig anschauen. Ob das Tier dieses oder jenes Verhalten an den Tag legt, ob es sich aggressiv verhält, flüchtet oder den üblichen Lebensverrichtungen nachgeht, hängt davon ab, was es bei den anderen wahrnimmt.

Treppennatter (Elaphe scalaris) [1,2x]. Die langen dunklen Streifen, die ihren Körper verzieren, untergliedern ihre längliche Silhouette. Sie ist kaum zu erkennen zwischen den verfaulenden Blättern am Boden. Zahlreiche Tiere, Säugetiere, Amphibien, Insekten benutzen dieses optische Tarnungsverfahren. Die verzerrenden Streifen, Flecken, Ringe und die Färbung ihrer Tracht, die sich von der Farbe ihrer Umgebung kaum unterscheiden, verwischen die Gestalt des ruhenden Tieres und machen es fast unsichtbar.

Abbildungsmaßstab: 1:6,7.
Brennweite: 105 mm und Zwischenring.
Blende: 16–22.
Beleuchtung: Elektronenblitz.

Durchblicken, abdrücken...

Die Optik erweitert den Gesichtssinn

Ende des XVII. Jahrhunderts schrieb der französische Philosoph Descartes in seiner naturwissenschaftlichen Abhandlung «Dioptrique»: «Unser ganzes Leben hängt mit unseren Sinnen zusammen und insbesondere mit dem edelsten, universellsten unter ihnen, dem Sehen. Die Erfindungen, die dazu beitragen, diesen zu schärfen, sind zweifellos die Nützlichsten, die es gibt.»

Das menschliche Auge hat die Fähigkeit, innerhalb zweier präziser Grenzen Objekte, die verschieden weit entfernt sind, genau abzubilden. Mit der Erfindung des Fernrohrs einerseits, der Lupe und des Mikroskopes andererseits, hat der Mensch diese Grenzen überschritten oder zumindest erweitert und somit im Sinne Descartes seine Sehkraft gestärkt.

Dem Nahbereich, dem Bereich der kurzen Entfernung haben wir dieses Buch gewidmet. Die kürzeste Entfernung, aus der das menschliche Auge, Gegenstände auch über einen längeren Zeitraum hinweg noch scharf erkennen kann, liegt bei 25 cm. Bei dieser Entfernung ist das Auge noch imstande, Objekte mit einer Größe von 1/10 mm deutlich wahrzunehmen. Kurzzeitig kann das gesunde Auge die Linse so extrem akkomodieren, daß Gegenstände aus 15 cm Entfernung erkannt werden können. Diese Überanstrengung ermüdet aber das Auge so schnell, daß eine vernünftige Beobachtung nicht möglich ist.

Die «Kurzsichtigen» haben den Vorteil, auf geringe Entfernungen besser zu sehen. Bei einer Entfernung von einigen Zentimetern können diese Menschen noch Details eines Objekts erkennen, die für «Normalsichtige» unsichtbar bleiben, ohne daß ihre Augen unter einer extremen Müdigkeit leiden (natürlich nur wenn sie ihre Brille absetzen). Vor diese Tatsache gestellt, begann der Mensch logischerweise daran zu arbeiten, sein Auge auf sehr kurze Entfernung besser einzurichten, indem er sich durch die Benutzung einer Sammellinse selber kurzsichtig machte. Solche Lupen wurden schon anfangs des XIV. Jahrhunderts in Italien verwendet. Zu dieser Zeit erschienen auch die ersten Korrekturbrillen, die aber nur einen mäßigen Erfolg hatten, da die meisten Leute nicht lesen konnten. Die ersten optischen Systeme, die den Namen Mikroskop verdienten, wurden erst im XVII. Jahrhundert entwickelt. Ein Tuchhändler aus Delft, Antoine van Leeuwenhoek, aufgeklärter Amateur-Optiker und leidenschaftlicher Naturwissenschaftler, verbesserte die Technik des Linsenschleifens derart, daß er seine Zeitgenossen in Erstaunen setzte. Über seine Herstellungstechnik ist nichts überliefert. Insgesamt baute er mehr als 400 Mikroskope, von denen manche eine Vergrößerung bis zu 250fach ermöglichten. Mit diesem noch sehr elementaren Mikroskop, das aus einer einfachen, sphärisch geschliffenen «Glasperle», eingefaßt in eine Kupferplatte, bestand, war Leeuwenhoek der erste Mensch, der Bakterien und Einzeller gesehen hat.

Um den echten Vorfahren der modernen Mikroskope zu begegnen, muß man paradoxerweise in die Zeit vor Leeuwenhoek zurückgehen. Diese

Kopf einer Fangheuschrecke (Empusa penetra) [7,5x]. Wie die Gottesanbeterin lauert diese Fangheuschrecke auf ihre Beute. Man begegnet ihr insbesondere in den Krummholzwäldern Südeuropas. Das Männchen besitzt außerordentliche große Fühler, die einem Kamm ähneln. Die Empusa ist ein seltsames Insekt mit ausgeprägter Eleganz. Ihr Name entstammt der griechischen Mythologie, in der sie als unheilvolles Gespenst im Dienste der Zauberin und Göttin Hekate erscheint. Der Sage nach kann sie sich in alle möglichen Gestalten verwandeln, am häufigsten erscheint sie aber in der Gestalt eines bezaubernden jungen Mädchens, das die jungen Männer anlockt, um sie zu verspeisen. Dieser Glaube erinnert uns an die Hochzeitssitten der Gottesanbeterin.

Abbildungsmaßstab: 1:1.
Makroobjektiv 55 mm und Zwischenring.
Blende: 22–32.
Beleuchtung: Elektronenblitz.

Mikroskop von Robert Hooke (17. Jahrhundert).
Ein schönes Stück, aber leider unhandlich und unpraktisch, denn die Augen wurden sehr schnell müde. Die ersten präzisen Beschreibungen von Zellen wurden aber dank dieses Mikroskopes durchgeführt. Die Entdeckungen, die dabei gemacht wurden, revolutionierten die Biologie.
In der Mitte des 18. Jahrhunderts beobachtete Charles Bonnet die Fortpflanzung der Blattläuse durch Parthenogenese.
Da die Biologen seine Entdekkung zuerst in Zweifel zogen, setzte er seine Forschungen mit zehn weiteren Generationen fort und bewies, daß kein einziges Männchen bei der Befruchtung aktiv war. Seine Entdeckung sollte er leider mit Schädigung des Augenlichts bezahlen, die ihn dazu zwang, nach zehn Jahren seine Forschungen aufzugeben.

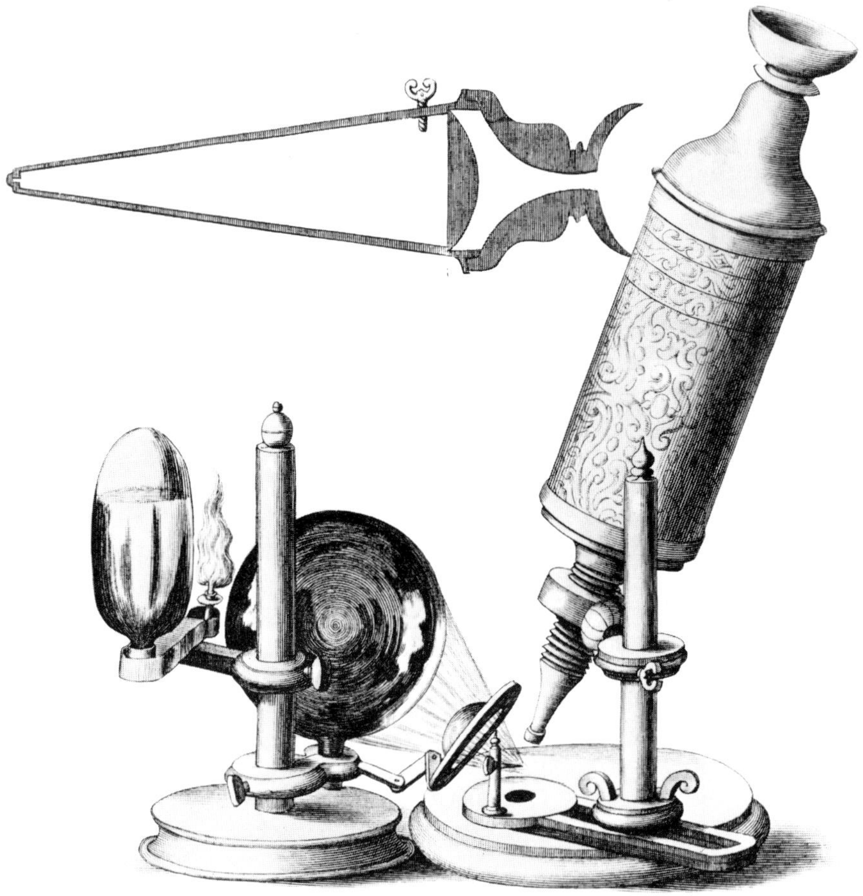

Abb. 1: Aplanatische Lupe (achtfache Vergrößerung) mit schwenkbarem Arm; praktisch für Beobachtung an Ort und Stelle.
Abb. 2: 10-fach-Lupe mit Sockel und schwenkbarem Arm für Beobachtung im Labor.

1

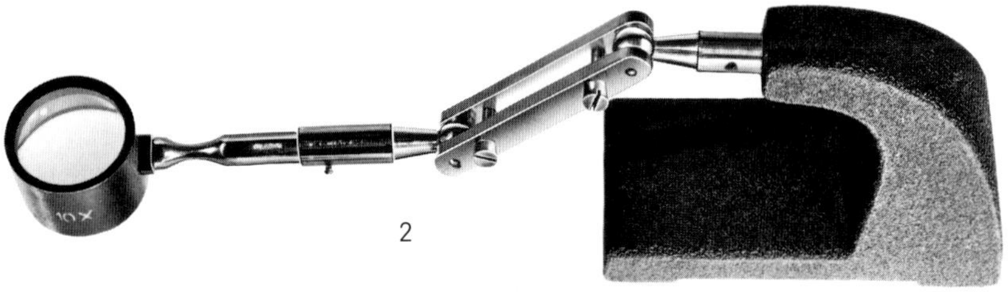

2

Mikroskope bestanden aus zwei optischen Systemen: einem Objektiv und einem Okular. Ihre Hersteller gingen davon aus, daß man eine Lupe verstärken kann, indem man ihr eine Linse hinzufügt, die, wenn sie weit genug von der Lupe eingebaut ist, die erste Abbildung noch vergrößert. Zu den ersten Herstellern dieser Art Mikroskope gehörte Galileo Galilei. Die Abbildungen, die man auf diese Weise erhielt, erwiesen sich aber als weniger zufriedenstellend als diejenigen, die eine einfache Lupe ergaben. In der Tat vergrößerte die zweite Lupe (Okular) zwar das Bild der ersten Lupe (Objektiv), vermehrte aber auch die optischen Fehler, indem sie ihre eigene Unzulänglichkeit der ersten Lupe addierte.

Die ersten Mikroskope, die die Leistung der kleinen «Glasperlen» von Leeuwenhoek übertrafen, wurden erst anfangs des XIX. Jahrhunderts hergestellt. Sie hatten aber wie ihre Vorgänger den großen Nachteil, die Augen des Beobachters sehr schnell zu ermüden.

Für den modernen Amateurwissenschaftler bleiben die Lupen immer noch ein sehr nützliches Zubehör. Wir können Ihnen die kleinen aplanatischen Lupen mit zwei Linsen empfehlen, die im Gegensatz zu den üblichen Lupen das Objekt ohne Randverzeichnung abbilden und eine Vergrößerung von 8- bzw. 10fach ermöglichen. Die aplanatischen Lupen gibt es mit Schwenkarm, der an einem stabilen Sockel befestigt ist – für Laboruntersuchungen eine äußerst praktische

Vorrichtung, da beide Hände frei bleiben. Solche Lupen gibt es in jedem größeren Optikerladen. Einschlaglupen sind sehr praktische Geräte auf Exkursionen, denn man kann sie ohne Gefahr vor Beschädigungen in die Tasche stecken. Mit solchen Lupen muß man sehr nah an das Objekt herangehen (etwa 2 cm, um eine zehnfache Vergrößerung zu erhalten). Deswegen sind sie eher für die Beobachtung von Pflanzen oder kleinen Tieren, die man in der Hand halten kann, geeignet. Bei stärkeren Vergrößerungen muß man schon auf ein Mikroskop zurückgreifen (10- bis 1500fach), wobei man dieses im Normalfall nur im Labor einsetzen kann (siehe Absatz über Mikroskopaufnahmen).

Die Binokularlupen (10- bis 150fach) gestatten eine stereoskopische, d. h. dreidimensionale Beobachtung von kleinen Motiven. Diese räumlich wirkende Abbildung wird durch je zwei gekoppelte Objektive und Okulare ermöglicht. Obwohl sie sehr handlich sind, sind sie leider für den Fotografen unbrauchbar, da diese Räumlichkeit auf einem einzigen Bild nicht wiedergegeben werden kann.

Das Suchersystem einer Kamera, wenn es für die Nahfotografie speziell ausgerüstet ist, erweist sich immer wieder als die beste unter allen Lupen. Eine Kamera ermöglicht uns, das Leben der Insekten, die Einzelheiten einer Blume im Augenblick der Entdekkung für immer festzuhalten. Es ist praktisch unmöglich, an den Ereignissen, die im Mikrobereich geschehen, zu mehreren teilzunehmen. In einem 2 cm² großen Gebiet gibt es eben nur Platz für zwei Augen. Mittels der Fotografie kann aber der Einzelne seine spannenden Erlebnisse anderen weitergeben.

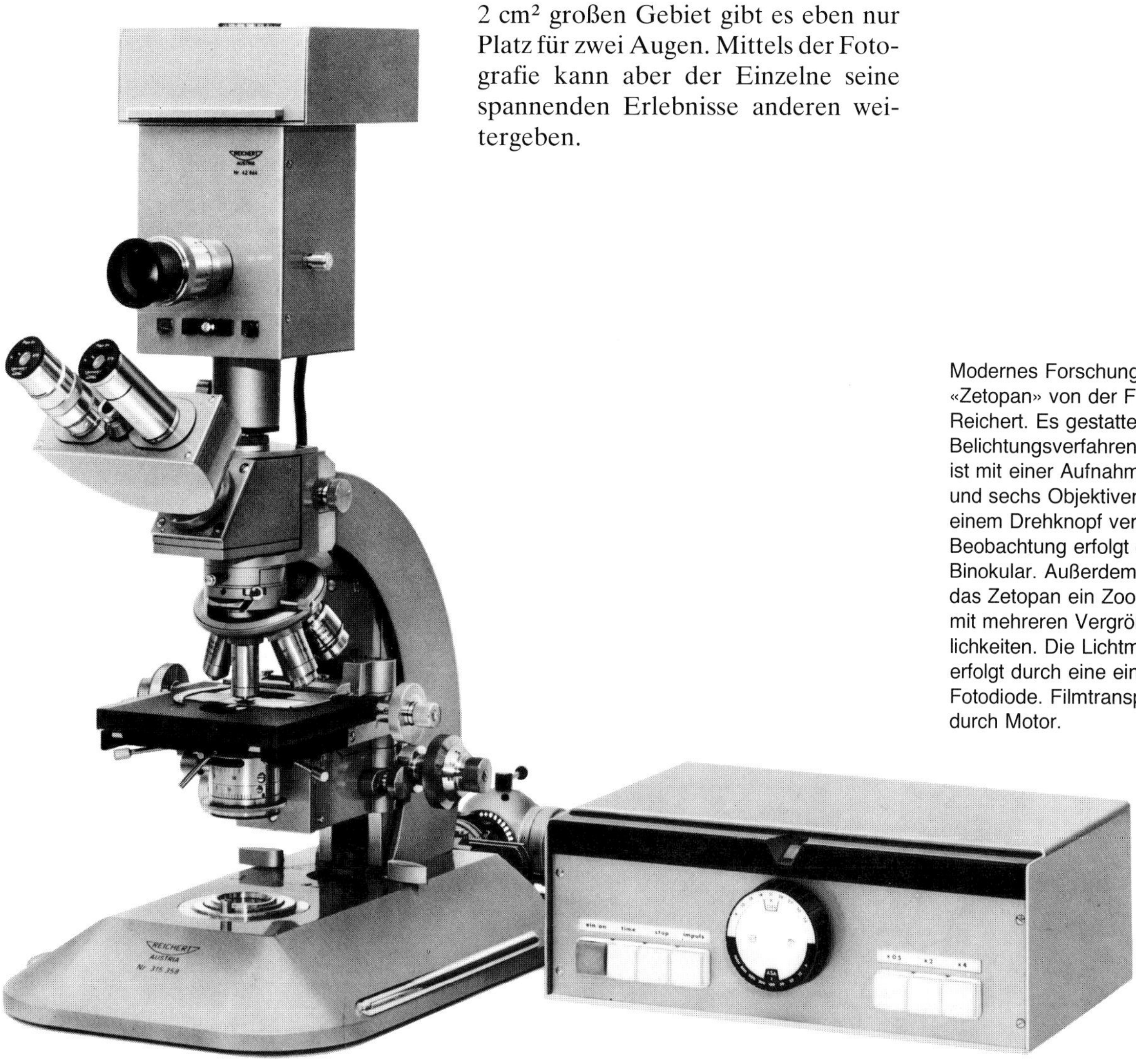

Modernes Forschungsmikroskop: «Zetopan» von der Firma Reichert. Es gestattet mehrere Belichtungsverfahren und ist mit einer Aufnahmeautomatik und sechs Objektiven auf einem Drehknopf versehen. Beobachtung erfolgt durch Binokular. Außerdem besitzt das Zetopan ein Zoom-Okular mit mehreren Vergrößerungsmöglichkeiten. Die Lichtmessung erfolgt durch eine eingebaute Fotodiode. Filmtransport durch Motor.

Rechts: Abb. 1: Asahi Pentax Kompakt-Spiegelreflexkamera. Die Lichtmessung erfolgt bei Offenblende durch Fotodiode. Der Motor gestattet eine Frequenz von 2 Bildern/s. Makroobjektiv 50 mm und 100 mm. Zwischenring mit Schneckengewinde für eine kontinuierliche Verlängerung von 25 bis 50 mm.

Abb. 2: Canon F-1: Spiegelreflexkamera mit TTL-Belichtungsmesser und auswechselbarem Sucher. Das Balgengerät gewährleistet die Blendenübertragung. Links: Makroobjektiv 50 mm mit automatischem Zwischenring.

Abb. 3: Leica R 3-Spiegelreflexkamera mit TTL-Belichtungsmesser. Das Balgengerät-R, hier mit Makro-Elmar 1:4/100 mm, zur stufenlosen Einstellung von Unendlich bis 1:1.

Die Nahfotografie

Das Arbeitsgerät

Mit dem Begriff «Nahfotografie» assoziiert man heutzutage sofort den Namen Spiegelreflexkamera. Hätten wir dieses Buch vor fünfzehn Jahren geschrieben, stünden die Sucherkameras im Mittelpunkt unserer Betrachtungen, und das Geräteangebot wäre winzig klein im Vergleich zur heutigen Auswahl hervorragend geeigneter Spiegelreflexkameras.

Die Nicht-Spiegelreflex-Kameras besitzen ein vom Objektiv unabhängiges Suchersystem. Man verfügt somit über eine zweite optische Achse, die der des Objektivs nicht genau entspricht. Den Abstand zwischen den beiden optischen Achsen nennt man Parallaxe. Dieser Abstand beträgt zwar nur einige Zentimeter und macht sich bei Aufnahmeentfernungen von mehr als einem Meter nicht bemerkbar. Bei Entfernungseinstellungen unter einem Meter dagegen zeigt der Sucher einen Ausschnitt von dem Motiv, der mit dem fotografierten Bildausschnitt nicht übereinstimmt.

Eine einäugige Spiegelreflexkamera dagegen bietet den enormen Vorteil, daß man das Motiv direkt durch das Objektiv anvisieren kann – eine Möglichkeit, die generell für alle Aufnahmen sehr praktisch ist und sich speziell bei Nahaufnahmen als unschätzbarer Vorteil erweist.

Bei diesem System fallen alle Parallaxprobleme weg. Das Sucherbild wird durch einen im Strahlengang des Objektivs befindlichen Schwenkspiegel auf die Sucherscheibe projiziert. Der Fotograf beobachtet das Motiv durch ein Dachkantprisma, das ein aufrechtstehendes und seitenrichtiges Sucherbild zeigt. Beim Auslösen schwenkt der Spiegel in Richtung Sucherscheibe und gibt den Strahlengang für die Filmbelichtung frei. Nach Ablauf der Belichtungszeit schwenkt der Spiegel wieder in seine ursprüngliche Position zurück. Die Verdunkelung des Suchers während der Belichtung stört den Fotografen absolut nicht, da das Ganze weniger als eine Sekunde dauert. Gewiß hat dieses System auch Nachteile, nämlich den Lärm, den diese Spiegelbewegung verursacht, und besonders die Vibration, die durch die Bewegung des Spiegels entsteht. Bei modernen

Strahlengang in einer Sucherkamera (links) und in einer Spiegelreflexkamera (rechts).
Die Glasteile sind grau abgebildet.

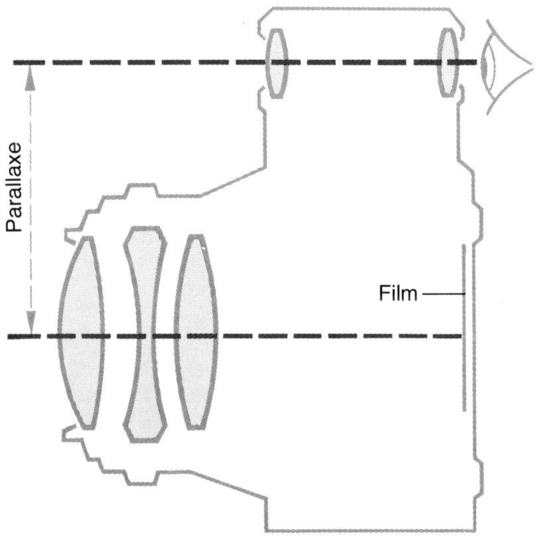

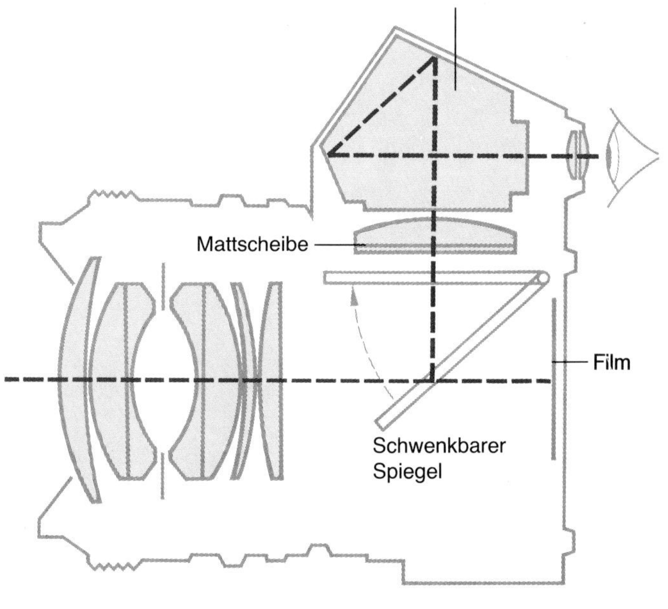

Spiegelreflexkameras sind diese Nachteile jedoch weitgehend abgestellt, so daß die Aufnahmequalität bei Verwendung langer Balgenauszüge nicht beeinträchtigt wird.

Das Wegfallen jeglicher Parallaxverschiebung ist aber nicht der einzige Vorteil, den uns eine einäugige Spiegelreflexkamera bietet. Bei diesem Kameratyp stimmt das auf die Sucherscheibe projizierte Bild haargenau mit dem Filmbild überein. Die Einstellung kann also jederzeit durch den Sucher kontrolliert werden. Zudem ermöglicht diese Kamera – und damit wären wir bei ihrem Hauptvorteil – auch die Kontrolle der Schärfe bzw. Unschärfe des Bildes. Dies ist mit einer Sucherkamera nicht möglich, da hier das Bild im Sucher einheitlich scharf erscheint.

1

Die Philosophie des «Materials»

Die Kamera kann man nicht selbst zusammenbasteln: Man muß sie aus einer riesigen Auswahl aussuchen und kaufen. Für manche Leute ist sie nicht so sehr Werkzeug, sondern vielmehr ein Prestigeobjekt.

Das Gebiet der Nahfotografie haben wir vor einigen Jahren mit einer ganz bescheidenen Kamera, einer Edixamat, betreten. Diese Kamera hatten wir mit einem 50-mm-Objektiv und einem Satz von vier Zwischenringen im Sonderangebot gekauft. Heutzutage kann man ein solches Modell für einen Spottpreis auf dem Fotoflohmarkt kaufen. Diese Kamera hat uns aber so viel Freude bereitet, daß wir uns nach einigen Jahren entschlossen, uns völlig der Nahfotografie zu widmen. Manche Bilder aus dieser Periode zählen immer noch zu unseren Lieblingsbildern. Eine Spiegelreflexkamera kann man heute schon für unter 500 DM erwerben (siehe Tabelle S. 146, 147). Es gibt natürlich auch viel bessere Kameras mit einer enormen Auswahl an Zubehör und Objektiven hervorragender optischer Qualität.

Die Qualität des optischen Materials ist aber nicht immer der wichtigste Faktor, um eine Aufnahme zu erzielen,

2

3

1

Abb. 1: Minolta-Spiegelreflexkamera (24x36) und Zubehör. Gehäuse SRT 101 mit eingebautem Pentaprismensucher und TTL-Belichtungsmesser. Auswechselbare Objektive. Links die Zwischenringe und das Balgengerät mit Blendenübertragung.

Abb. 2: Nikon-System. Nikon FM-Kamera: Die Lichtmessung erfolgt durch Gallium-Fotodiode. Ein Motor gewährleistet eine Bildfrequenz von 3 bis 5 Bildern/s. Nikon F 2: Die Lichtmessung erfolgt durch Silizium-Fotodiode. Sucher und Sucherscheiben sind auswechselbar (6 Sucher, 19 verschiedene Sucherscheiben).

Abb. 3: Olympus OM-2-Kompaktkamera mit Balgengerät und Objektiv 135 mm. Das Elektronenblitzgerät Auto-Quick 310 steht mit der Silizium-Fotodiode des Geräts in Verbindung, so daß die richtige Leuchtdauer des Blitzes und die auf den Film fallende Lichtmenge richtig gemessen werden können. (Dieses System ist bei Makro- und Mikroaufnahmen auch wirksam.)

die eine präzise Wiedergabe aller Einzelheiten aufweist. Die Wahl der Beleuchtung spielt in solchen Fällen oft eine noch größere Rolle. So kann ein Amateur, der sich ein kostspieliges Objektiv einer bekannten Firma gekauft hat, die Enttäuschung erleben, kraftlose Aufnahmen zu erhalten, nur weil er z. B. mit Frontlicht anstatt Seiten- oder Gegenlicht gearbeitet hat. Ferner kann die Manie mancher Fotoamateure, eine ganze Sammlung von fotografischen Geräten besitzen zu müssen, eine chronische Unzufriedenheit verursachen und jede Kreativität im Keim ersticken. Die Praxis beweist, daß der Fotograf bei Makroaufnahmen wie auf anderen fotografischen Gebieten zum Schluß fast immer mit einer kleinen Auswahl an Objektiven und Sonderzubehör auskommt. Er hat sich nämlich für diese oder jene Ausrüstung entschieden, weil sie seinem eigenen Arbeitsstil entspricht. Was uns betrifft, arbeiten wir meistens nur mit zwei Brennweiten: 50 mm und 105 mm. Gelegentlich benutzen wir auch die 300-mm- und 24-mm-Brennweiten (siehe Abschnitt «Brennweite»).

2

3

Ein paar Fachausdrücke...

Makrofotografie. Darunter verstehen die Puristen die Aufnahmetechnik, die es erlaubt, das Motiv gleichgroß bzw. vergrößert abzubilden. Man spricht in diesem Fall vom Abbildungsmaßstab (AM) > 1. Der Abbildungsmaßstab wird folgendermaßen definiert:

$$AM = \frac{\text{Bildgröße}}{\text{Motivgröße}}$$

Angesichts der Tatsache aber, daß die meisten Fotoamateure eine Kleinbildkamera (24x36 mm) benutzen, muß man diese Definition der Makrofotografie korrigieren. In der Tat ist das Bild bei einer Kleinbildkamera immer vergrößert, wenn wir es betrachten, sei es auf Papierabzügen oder auf einer Leinwand (Dias). Von Makrofotografie wollen wir also nur dann sprechen, wenn die Aufnahme das Objekt bereits auf dem Film vergrößert wiedergibt (siehe Schema rechts).

Brennweite. Unter dem Begriff «Brennweite eines Objektivs» versteht man die Entfernung von der optischen Objektivmitte – wo sich meistens die Blende befindet – bis zur Filmebene bei Einstellung des Objektivs auf Unendlich.

Objektive, deren Brennweite etwa der Diagonale des verwendeten Aufnahmeformats entspricht, bezeichnet man mit dem Begriff «Normalobjektiv». Der Bildwinkel beträgt etwa 47°, d. h. daß er ungefähr dem des menschlichen Auges entspricht. Beim Kleinbildformat 24x36 mm liegt der Brennweitenbereich für Normalobjektive zwischen 45 und 55 mm.

Langbrennweitige (Tele-)Objektive (100–1000 mm für das Kleinbildformat). Das sind Objektive mit einer erheblich längeren Brennweite als die Normalobjektive, die oft nur aus zwei bis drei Linsen (wie ein Fernrohrobjektiv) bestehen. Solche Objektive erfassen einen kleineren Bildwinkel, holen fernliegende Motivteile heran und bilden sie groß ab. (Ein 100-mm-Teleobjektiv bildet Motivteile doppelt so groß ab wie ein Normalobjektiv; ein 300-mm-Teleobjektiv 6 mal so groß, usw.)

Weitwinkelobjektive. Für Kleinbildkameras liegen die Brennweiten von Weitwinkelobjektiven zwischen 35

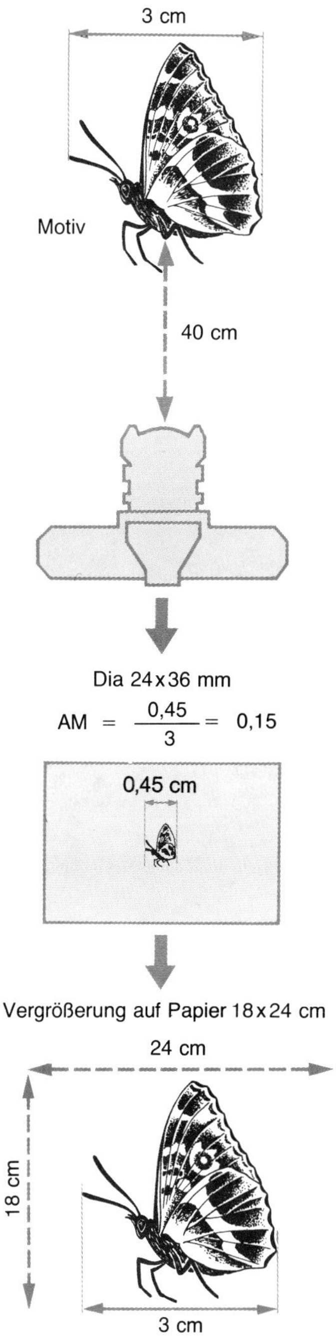

Bei einer Vergrößerung auf 18x24 cm vom Kleinbild 24x36 mm erhält man Makroaufnahmen nur, wenn der Abbildungsmaßstab ≧ 0,15 ist, d. h. wenn der Aufnahmeabstand mit einem 50-mm-Normalobjektiv ≦ 40 cm ist.

Auf einer 18x24-cm-Vergrößerung ist das Motiv genauso groß wie in Wirklichkeit.

und etwa 15 mm. Ein Weitwinkelobjektiv erfaßt einen größeren, breiteren Bildwinkel als ein Normalobjektiv. Es bildet somit mehr, dafür aber auch kleiner ab. (Bei gleicher Entfernung bildet ein Weitwinkelobjektiv mit einer Brennweite von 25 mm das Motiv halb so groß wie ein Normalobjektiv ab.)

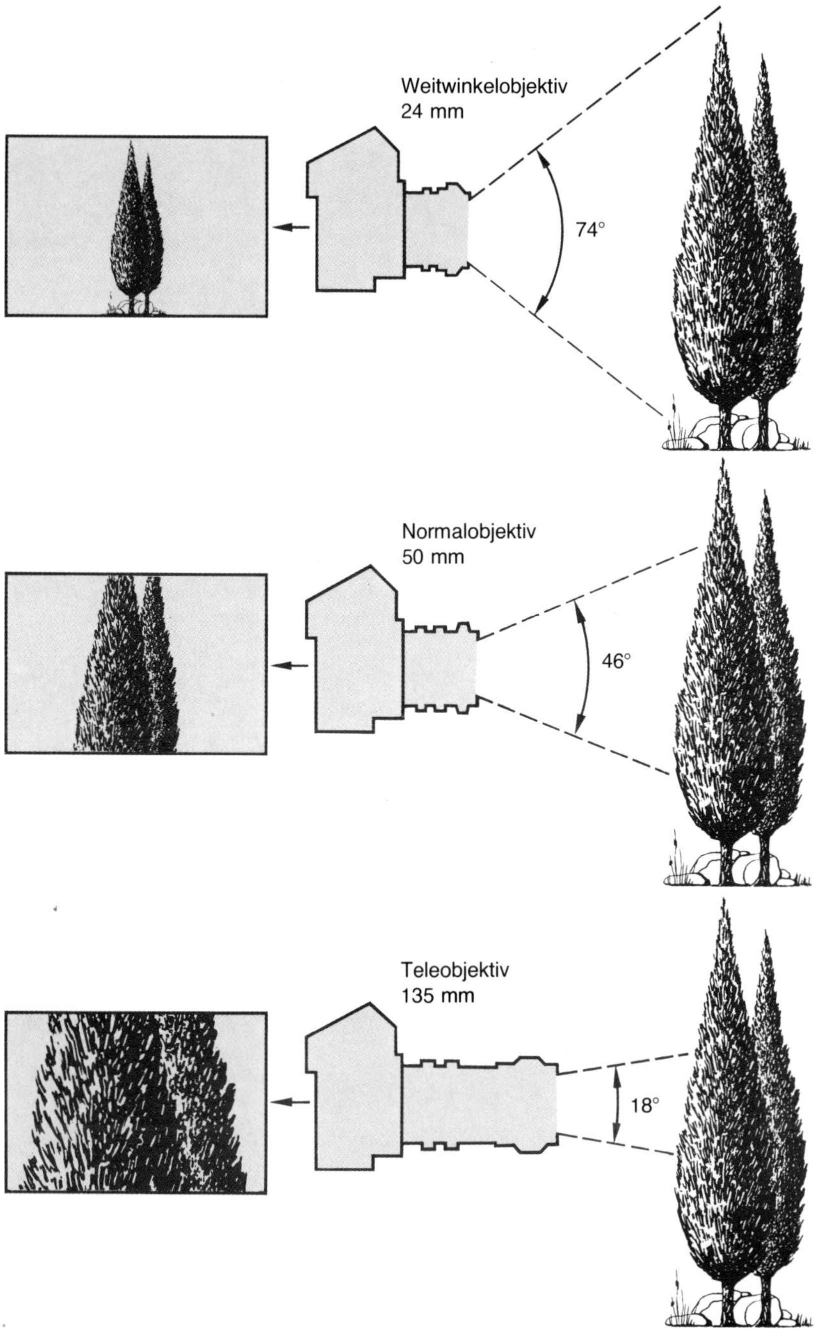

Vergleich zwischen den Bildwinkeln verschiedener Objektive.

Aufnahmen mit einer Kleinbildkamera 24x36 mm bei gleichem Aufnahmeabstand.

Blende und Blendenöffnung. Die relative Blendenöffnung eines Objektivs wird durch das Verhältnis vom wirksamen Blendendurchmesser zur Brennweite definiert. Dieses Verhältnis gibt die Lichtstärke, d. h. das «Öffnungsverhältnis» des Objektivs an. Zahlenmäßig wird diese Lichtstärke folgendermaßen eingraviert: 1:2, 1:4, 1:8, wobei ein Objektiv 1:2 sechzehnmal so lichtstark ist wie eines 1:8. Die eingebaute Blende eines Objektivs, die die relative Öffnung verkleinern kann, ermöglicht dem Fotografen, die Menge des in die Linse oder das Objektiv einfallenden Lichts von Fall zu Fall zu regulieren. Beim internationalen Blendensystem (1,4/2/2,8/4–5,6/8/11 usw.) ist es wichtig zu wissen, daß beim Übergang von einer Blendenzahl zur nächstgrößeren die Lichtmenge, die auf den Film fällt, halbiert wird.

Springblende. Da bei der Spiegelreflexkamera das Objektiv gleichzeitig Teil des Suchers ist, muß, um ein möglichst helles Sucherbild zu erreichen, mit maximaler Blendenöffnung eingestellt werden. Eine Springblende bietet die Möglichkeit der Offenblendeinstellung ohne zusätzliche Manipulation. Die Blende springt beim Druck auf den Auslöser automatisch auf den eingestellten Wert und öffnet sich sofort wieder, wenn die Aufnahme belichtet ist. Dieser Mechanismus bringt somit der Makrofotografie einen äußerst wichtigen Präzisiongewinn.

Auszugsverlängerung, Belichtungsfaktor. Wenn man den Einstellring eines Objektives von «unendlich» in Richtung «Null» dreht, bewegt sich das ganze optische System nach vorne, es entfernt sich von der Filmebene: Diese Distanz, um die das Objektiv von der Kamera entfernt wird, bezeichnet man mit Auszugsverlängerung.

Für Aufnahmen, bei denen wir sehr nahe an das Objekt herangehen müssen, ist eine starke Auszugsverlängerung notwendig. Diesen Auszug erhält man durch Einschaltung von Zwischenringen oder eines Balgennaheinstellgeräts. Die Auszugsverlängerung (A) hängt mit dem Abbildungsmaßstab (AM) zusammen. Sie läßt sich nach der folgenden Formel errechnen:

$A = AM \times f$

(wobei f der Brennweite des verwendeten Objektivs entspricht).

Um mit einem 50-mm-Objektiv einen Abbildungsmaßstab von 1:1 zu erhalten, muß A = 50 mm sein; für einen AM 2:1 muß A = 100 mm sein usw.

Eine zu starke Auszugsverlängerung hat zur Folge, daß weniger Licht auf den Film fällt. Dieser Lichtverlust wird durch Verlängerung der Belichtungszeit (Belichtungsfaktor) ausgeglichen:

Belichtungsfaktor = $(AM + 1)^2$

Beträgt der Abbildungsmaßstab z. B. 1:1, so wird der Belichtungsfaktor gleich 4 sein, was bedeutet, daß die Blende um zwei Stufen weiter geöffnet (statt Blende 11 Blende 5, 6) bzw. die Belichtungszeit um zwei Stufen (statt 1/250 s 1/60 s) verlängert werden muß. (Das ist auch meistens der Grund, weshalb man in der Makrofotografie selbst bei Tageslicht mit Zusatzblitz arbeitet, weil man einerseits kleine Blendenöffnungen für größere Schärfentiefe und andererseits kurze Belichtungszeiten bei beweglichen Aufnahmeobjekten benötigt (siehe Kapitel «Elektronenblitze».)

Schärfentiefe. Unter Schärfentiefe versteht man die Zone vor und hinter dem Objekt, innerhalb welcher scharf abgebildet wird. Bei der Nahfotografie ist die Schärfentiefe unabhängig von der Brennweite des verwendeten Objektivs zu sehen; sie hängt nur vom Abbildungsmaßstab und der eingestellten Blende ab. Mit zunehmendem Abbildungsmaßstab, aber gleichbleibender Blende verringert sich die Schärfentiefe.

Für einen Abbildungsmaßstab 1:1 bei Blende 22 beträgt die Schärfentiefe nur noch 3 mm (siehe Tabelle «Schärfentiefe» Seite 149).

Auflösungsvermögen. Unter Auflösungsvermögen ist die Fähigkeit von Objektiven zu verstehen, dicht aneinanderliegende Linien in der Abbildung gut zu trennen und scharf zu erfassen. Das Auflösungsvermögen des Objektivs ist um so größer, je geringer die Distanz zwischen zwei noch getrennt abgebildeten Linien ist. Das Auflösungsvermögen entspricht also der Fähigkeit des Objektivs, feinste Einzelheiten eines Motivs wiederzugeben. Diese Fähigkeit variiert mit der Blendenöffnung. Ein Maximum wird in der Regel bei Blende 8 oder 11 erreicht. Die meisten Objektive schaffen heutzutage etwa 100 L/mm. Das Verfahren der Mehrfachvergütung, das seit einigen Jahren für Linsenoberflächen angewandt wird, hat viel dazu beigetragen, die Wiedergabequalität der Objektive zu verbessern.

Der Terminus «Auflösungsvermögen» bezeichnet auch die Schärfeleistung von Filmen. Je höher die Empfindlichkeit des Filmes ist, desto grober ist seine Kornstruktur und desto geringer sein Auflösungsvermögen.

Tiefenschärfe und Blende

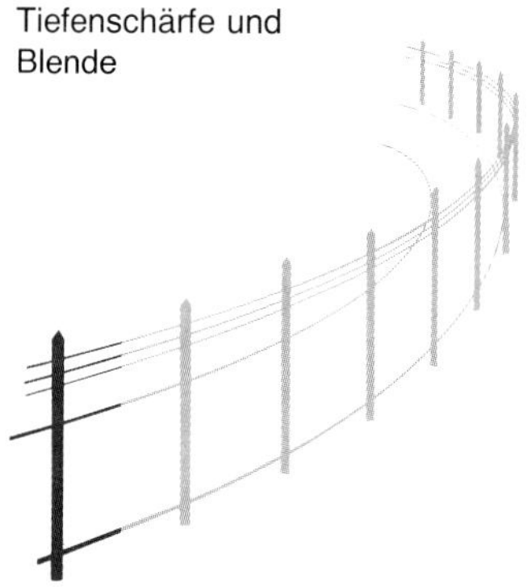

Große Öffnung, geringe Tiefenschärfe

Mittlere Blendenöffnung

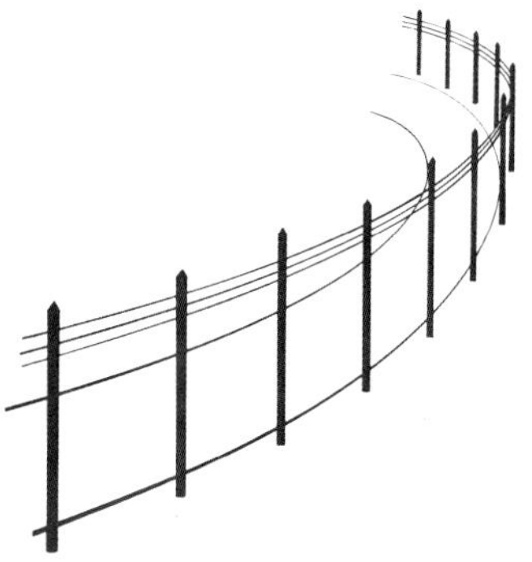

Kleine Öffnung, große Tiefenschärfe

(In allen drei Beispielen wurde auf den Vordergrund eingestellt.)

Blendenvorwahl

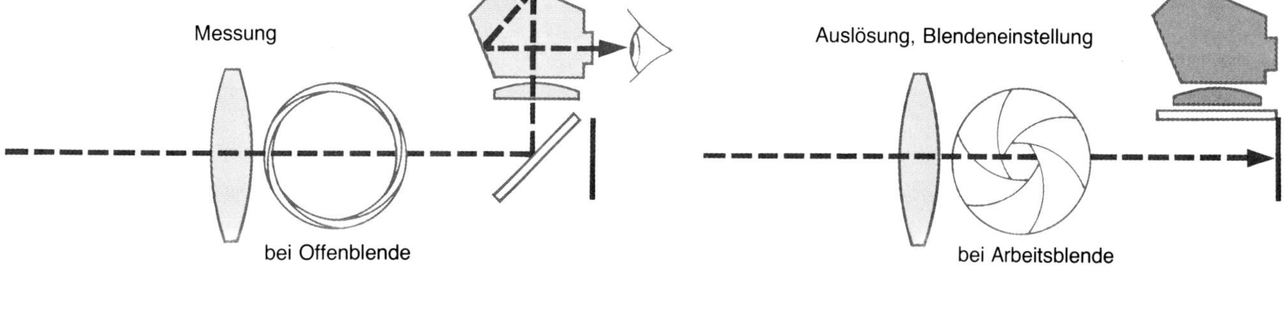

Venusfliegenfalle. Dieser insektenfressenden Pflanze begegnet man in Sumpfgebieten von Carolina (USA).

Abb. 1: Angelockt vom süßen Sekret der Blätter ist eine Fliege auf der stacheligen Spitze eines Blattes gelandet [6x].

Abbildungsmaßstab: 1:1.
Makroobjektiv 55 mm und Zwischenring.
Blende: 22.
Beleuchtung: Elektronenblitz und Aufhellschirm.

1

2

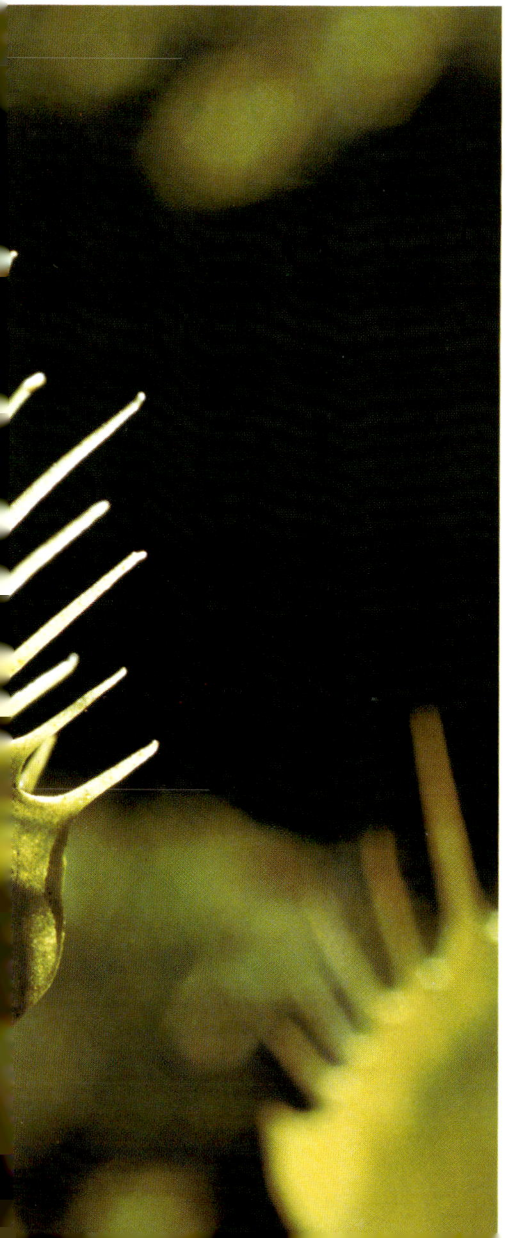

3

Abb. 2: Sekundenbruchteile später schließen sich die Blatthälften. Das gefangene Insekt ist noch schemenhaft durch das Blatt zu sehen [9x].

Abbildungsmaßstab: 1,2:1.
Makroobjektiv 55 mm und Balgengerät.
Blende: 11–16.
Beleuchtung: Elektronenblitz in Gegenlichtstellung.
Film: Kodachrome 25.

Abb. 3: Zehn Tage später ist die Fliege verdaut. Die Falle öffnet sich von neuem. Die Fliegenleiche liegt noch zwischen den Blättern, die ihr den Lebenssaft ausgesaugt haben. Auf der Innenseite der Blätter erkennt man die Haare, deren Berührung das Schließen der Pflanzenblätter verursacht hat.

Abbildungsmaßstab: 1:1.
Makroobjektiv 55 mm und Zwischenring.
Blende: 22.
Beleuchtung: Elektronenblitz und Aufhellschirm.

Außenaufnahme mit Elektronenblitz. «Werkstattfoto» beim Fotografieren einer Wespe, die gerade an einer Traube nagt. Wir hatten die Traube abgeschnitten und in bequemerer Arbeitshöhe befestigt.

Geräte:
Nikon F mit Schachtsucher, Micro-Nikkor 1:3,5/55 mm, Balgengerät mit Novoflex-Einstellschiene auf Stativ.
Links neben der Kamera das Elektronenblitzgerät (Metz 184) mit Kugelgelenkkopf an der Blitzschiene befestigt. Dieser Kugelkopf gestattet, das Blitzlicht in jede gewünschte Richtung zu schwenken. Rechts ein Reflektor (weißer Karton), um die Schatten, die von der seitlichen Stellung des Blitzgerätes herrühren könnten, abzuflachen.

Leitzahl und Elektronenblitzgeräte. Der Elektronenblitz ist die Kunstlichtquelle, die bei der Makrofotografie am meisten verwendet wird. Ein solches Blitzgerät spendet sehr kurze Blitze, deren mittlere Leuchtdauer bei 1/1000 s liegt. Eine perfekte Synchronisation zwischen Blendenöffnung und Leuchtdauer des Blitzes kann bei einer Spiegelreflexkamera mit Schlitzverschluß nur mit einer relativ langen Belichtungszeit (1/30 bis 1/125 s je nach Modell) erreicht werden. Jedoch ist die effektive Belichtungszeit immer identisch mit der Leuchtdauer des Blitzes: In den meisten Fällen ist bei Makroaufnahmen die Tageslichtmenge, die bei einer Belichtungszeit von 1/60 s auf den Film fällt, unbedeutend im Vergleich zu der Lichtmenge, die das Blitzgerät bei 1/1000 s spendet. Die Lichtleistung eines Blitzgerätes wird durch seine Leitzahl (L) angegeben. Die Leitzahl eines Blitzes ist das Produkt aus Blendenzahl (k) und Entfernung (E) Blitzgerät zum Motiv in Metern:

$$L = k \times E.$$

Die Leitzahlen sind immer an eine bestimmte Lichtempfindlichkeit des Filmes gebunden. Die Herstellerangaben basieren, wenn nicht anders angegeben, auf einer Filmempfindlichkeit von 21 DIN. Bei einem Blitzgerät der Leitzahl 22 und einem Blitz-Objekt-Abstand von zwei Metern erhält man nach der Formel

$k = \frac{L}{E}$ folgende Blende:

$$\text{Blendenzahl} = \frac{\text{Leitzahl}}{\text{Blitzentfernung}} = \frac{22}{2} = 11$$

Es empfiehlt sich, die Leitzahlen, die von den Herstellern angegeben werden, mit einem «Probefilm» zu überprüfen, um sie gegebenenfalls zu korrigieren.

Das Format. Die am häufigsten verwendeten Aufnahmeformate sind 24x36 mm (Kleinbildfilm 135) und 6x6 cm (Rollfilm 120).Welches von beiden ist nun für unsere Zwecke am besten geeignet? Für beide Filmformate gibt es Spiegelreflexkameras mit Wechselobjektiven und einer großen Auswahl an Zubehör für Makrofotografie. Der Vorteil des Formats 6x6 cm gegenüber 24x36 mm liegt natürlich in der größeren Bildfläche, die – zumindest in der Theorie – eine bessere Detailwiedergabe ermöglicht. Aber eine Mittelformatkamera ist viel schwerer, unhandlicher und viel teurer als eine Kleinbildkamera. Außerdem ist der Gewinn an Bildfläche beim Mittelformat nur effektiv, wenn, wie beim Kleinbildformat, das Objekt formatfüllend erfaßt wird. Das Mittelformat 6x6 cm verlangt also einen größeren Abbildungsmaßstab (60:36 = 1,67-fach). Diese Notwendigkeit, einen größeren Abbildungsmaßstab zu wählen, bringt aber auch Nachteile mit sich, z. B. längeren Auszug, der eine Fülle von Zubehör erfordert, und geringere Schärfentiefe.

Dieses Pro und Kontra schließen wir nun ab mit der Behauptung, daß das Mittelformat 6x6 cm für die Makrofotografie eine luxuriöse Anschaffung ist. (Den Film mit dem höchsten Auflösungsvermögen, den Kodachrome 25, gibt es außerdem in Rollfilmkonfektionierung nicht!)

Objektiv und Zubehör

Normalobjektive sind wie das menschliche Auge wenig geeignet, sehr kurze Entfernungen zu erfassen. Die Grundausstattung der meisten Kamerasysteme ermöglicht einen minimalen Aufnahmeabstand von nur 50 cm. Um in den Nahbereich vorzudringen, gibt es mehrere Möglichkeiten.

Die Nah- und Vorsatzlinsen. Die erste Möglichkeit bieten Nah- bzw. Vorsatzlinsen. Diese Linsen werden sozusagen wie eine Brille vor das Objektiv gesetzt. Da dieses Zubehör aber unserer Meinung nach zu geringe Einsatzmöglichkeiten bietet, wollen wir diese Linsen nicht näher beschreiben. Sie erlauben eine gewisse Verkürzung des Aufnahmeabstands bis auf zirka 20 cm. Aber diese nicht eingeplante zusätzliche Glasmasse beeinträchtigt die Qualität hochentwickelter optischer Systeme.

Zwischenringe. Sie bieten eine viel rationellere Lösung des Problems der Naheinstellung. Diese zwischen Kamera und Objektiv eingesetzten Ringe erweitern den Abstand zwischen Objektiv und Filmebene, wodurch man näher ans Motiv herangehen und den Abbildungsmaßstab vergrößern kann. Die Zwischenringe werden in der Regel in Sätzen von drei bis fünf Ringen angeboten. Sie können einzeln oder kombiniert eingesetzt werden, was eine ganze Reihe verschiedener Abbildungsmaßstäbe ermöglicht. Ein Zwischenring bzw. die Kombination mehrerer Ringe mit der Gesamtlänge von 50 mm gestattet mit einem 50-mm-Objektiv einen Abbildungsmaßstab bis 1:1. Die Entfernung Objektiv – Motiv beträgt 10 Zentimeter.

Zwei Spezialobjektive für Makroaufnahmen.
Links: das Micro-Nikkor 55 mm. Durch seine Schneckenfassung gestattet es einen Minimal-Aufnahmeabstand bis 24 cm (d. h. einen AM 1:2). Der Zwischenring PK 3 gewährleistet die Blendenübertragung sowie die Lichtmessung bei Offenblende. Ein AM von 1:1 ist mit diesem Zwischenring möglich.
Rechts: Das Mikro-Nikkor 105 mm; Minimalaufnahmeabstand 0,47 cm (AM: 1:2); ein AM von 1:1 ist mit dem automatischen Zwischenring PN-1 möglich.

Rundblättriger Sonnentau (Drosera rotundifolia) [7x]. Insektfressende Pflanze.
Rechts: Die stark vergrößerte Pflanze mit ihren langen Drüsenhaaren. Jedes Fanghaar endet in einer glasigen Perle, die wie Tau in der Morgensonne glänzt.
Unten: Angelockt von diesem Lichtspiel ist eine geflügelte Blattlaus auf den verführerischen Drüsenhaaren gelandet. Ihre Flügel werden durch eine klebrige Drüsenflüssigkeit wie von Leimruten festgehalten. Die Borsten krümmen sich langsam der Blattmitte zu. Angeleimt und gelähmt stirbt das Insekt.

Rechts:
Abbildungsmaßstab: 1,2:1.
Makroobjektiv 100 mm «Luminar» und Balgengerät.
Blende: 11–16.
Beleuchtung: Elektronenblitz in Gegenlichtstellung.

Unten:
Abbildungsmaßstab: 2,6:1.
Makroobjektiv 100 mm «Luminar» und Balgengerät.
Blende: 11–16.
Beleuchtung: Elektronenblitz.

Der Doppeldrahtauslöser. Zwischenringe haben den Nachteil, daß das Objektiv von der Kamera getrennt wird und demzufolge auch von dem Mechanismus, der die Springblende steuert. Deswegen empfehlen zahlreiche Hersteller die Benutzung von Zwischenringen, die dank schwenkbarer Hebel die Übertragung der Blendensteuerung garantieren. Wenn dieser Übertragungsmechanismus fehlt, muß man auf einen Doppeldrahtauslöser zurückgreifen. Der Doppeldrahtauslöser ist sowohl am Auslöser der Kamera als auch am Blendenmechanismus des Objektivs bzw. an einem zu diesem Zweck geeigneten Spezialring (Nikon-System, Spezialring E 2 oder PW 1) angeschlossen. Ein Druck auf den Auslöser bringt die Blende zum Einspringen auf den vorgewählten Wert und löst gleichzeitig den Verschluß aus.

Das Balgengerät. Im Gegensatz zu den Zwischenringen, die den Auszug nur stufenweise verlängern bzw. verkürzen, gestattet ein Balgengerät eine kontinuierliche Auszugsverlängerung. Außerdem ist beim Balgengerät eine größere Variation der Abbildungsmaßstäbe möglich. Mit einem Objektiv der Brennweite 50 mm bedeutet dies einen erreichbaren Abbildungsmaßstab bis 3:1 bzw. 4:1. Dieses System weist jedoch einen großen Nachteil auf, nämlich, daß das Gerät selbst bei ganz zusammengeschobenem Balgen eine nicht unerhebliche Auszugsverlängerung verursacht, die oft mehrere Zentimeter beträgt. Zwischen der normalen Naheinstellung des Objektivs und der geringsten Auszugsverlängerung im Naheinstellbereich klafft also eine große Lücke, die aber durch schmale Zwischenringe überbrückt werden kann. Manche Balgengeräte sind mit einem Blendenübertragungsmechanismus versehen. Verwendet man aber das Objektiv in Retrostellung (d. h. wenn die Vorderseite des Objektivs am Balgengerät befestigt wird), so bleibt dieser Übertragungsmechanismus ohne Wirkung, da die mechanische Verbindung, die durch einen kleinen Stift hinter dem Objektiv

1

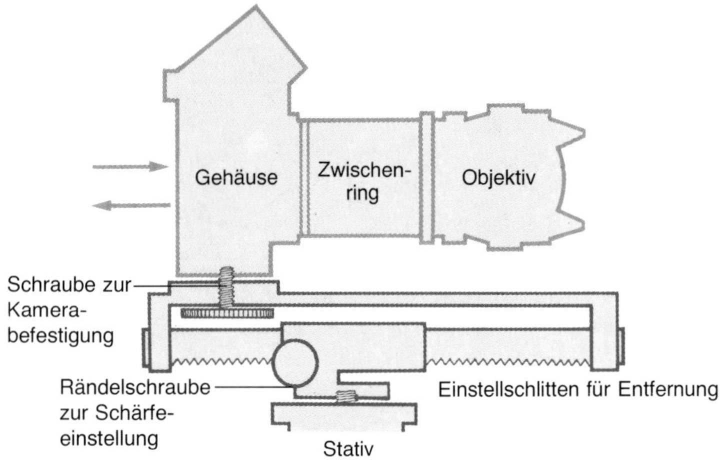

2

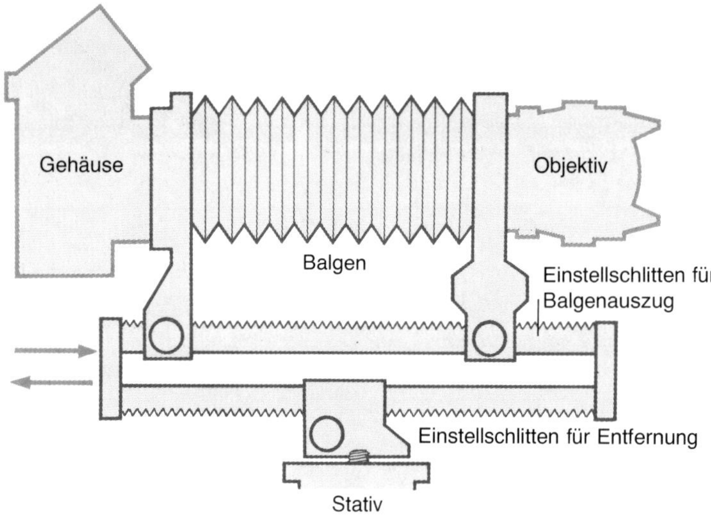

Schärfeeinstellung bei Makroaufnahmen.

Abb. 1: Einstellschlitten. Gehäuse plus Zwischenringe plus Objektiv können vor- und zurückbewegt werden, ohne daß die Stativposition verändert werden muß.

Abb. 2: Balgengerät mit Doppelschlitten. Mit dem oberen Schlitten läßt sich der Balgenauszug verändern; mit dem unteren die Entfernungseinstellung.

bei normaler Stellung gewährleistet wird, nicht mehr möglich ist. Der Doppeldrahtauslöser dagegen kann immer verwendet werden.

Umkehrringe. Wenn man ein Objektiv unter normalen Bedingungen verwendet, ist die Gegenstandsweite (d. h. der Abstand Objektiv/Motiv) immer größer als die Bildweite (d. h. der Abstand Objektiv/Filmebene). Bei den komplizierten Rechnungen, die für die Herstellung eines Objektivs notwendig sind, wird diese Tatsache immer berücksichtigt.

Bei einem Abbildungsmaßstab 1:1 ist die Gegenstandsweite gleich der Bildweite. Steigt aber der Abbildungsmaßstab über 1:1, so kehrt sich das Verhältnis zwischen diesen beiden Weiten um und das Objektiv arbeitet dann unter Bedingungen, die vom Hersteller nicht vorgesehen waren. Um einen Verlust an Schärfe zu vermeiden, greift man dann zu einem ganz einfachen Trick: Man befestigt das Objektiv in umgekehrter Stellung, d. h. mit der Frontlinse zum Film zeigend, an die Kamera. Alle Hersteller bieten unter ihrem Zubehör einen Umkehrring an, um das Objektiv in dieser zwar ungewöhnlichen, aber im Grunde logischen Stellung anschließen zu können.

Der Zerstreuungskreis. Die Schärfentiefe ist das beherrschende Problem der Makrofotografie. Um es zu lösen, könnte es sinnvoll erscheinen, immer die kleinstmögliche Blendenöffnung zu wählen. Bei der kleinsten Blendenöffnung nimmt die Schärfe des Objektivs aber wieder ab, was auf Lichtbeugungserscheinungen zurückzuführen ist. Die so gebildeten winzigen Zerstreuungskreise machen das Bild unscharf. Bei einem Abbildungsmaßstab von 1:2 kann man bis Blende 22, in Ausnahmefällen bis Blende 32 gehen. Zwischen Maßstab 1:2 und 1:1 ist es angebracht, maximal Blende 22, zwischen AM 1:1 und 4:1 sogar nur Blende 11 zu benutzen.

Makroobjektive. Durch ihre vielfältige Einsatzfähigkeit und angenehme Handhabung werden diese Objektive vom Makroamateur am häufigsten gebraucht. Jede Firma bietet ihm ein oder mehrere Makroobjektive für seine Kamera an. Die Brennweite eines Makroobjektivs liegt in der Regel zwischen 50 und 55 mm. Makroobjektive sind mit einer Einstellschnecke versehen, die Aufnahmen bis zu einem AM 1:2 bzw. 1:1 gestattet. (Ein Zwischenring, der den AM 1:1 ermöglicht, gehört zur Grundausstattung des Objektivs.) Makroobjektive vermeiden das umständliche Hantieren mit Zwischenringen und bedeuten somit einen Zeitgewinn, der sich bei Aufnahmen von sehr unruhigen Tieren als kostbar erweisen kann. Man beachte außerdem, daß Makroobjektive speziell für kurze Aufnahmeabstände errechnet sind, so daß ihre Schärfe bei Nahaufnahmen hervorragend ist. Der einzige Nachteil dieser Objektive besteht in ihrer relativ geringen maximalen Blendenöffnung (3,5 bzw. 4). Dies spielt aber nur eine untergeordnete Rolle, zumal in der Makrofotografie immer mit kleiner Blende gearbeitet wird.

Kleine Teleobjektive (85 bis 105 mm). Dieser Brennweitenbereich eignet sich hervorragend für die Makrofotografie (Makroobjektive mit einer Brennweite von 100 mm sind selten). Kleine Teleobjektive haben den Vorteil, daß der Abstand zum Objekt im Vergleich zur 50-mm-Normalbrennweite doppelt so groß sein kann. Für einen Abbildungsmaßstab 1:2 stellt man infolgedessen ein Teleobjektiv mit 100 mm Brennweite auf 30 cm Entfernung ein, im Gegensatz zu 15 cm mit einem Normalobjektiv. Diese Differenz von ein paar Zentimetern ist manchmal von großer Bedeutung: Bei einem größeren Aufnahmeabstand kann man in aller Regel vermeiden, daß scheue Tiere (Schlange, Eidechse, Frösche oder Schmetterlinge) die Flucht ergreifen. Außerdem vermeidet man bei größerer Aufnahmeentfernung, daß je nach Sonnenstand die Kamera Schatten auf das Objekt wirft; eine Gefahr, die natürlich die Aufnahme zunichte macht oder die Flucht des Tieres verursacht.

Mittlere Teleobjektive (200 mm bis 300 mm). Diese werden nicht so oft verwendet. Man benutzt sie mit kleinen Zwischenringen, um Tiere zu fotografieren, an die man entweder auf Grund ihrer Lebensgewohnheiten oder weil sie besonders scheu sind, nicht näher herankommt, z. B. ein Frosch auf einer Seerose, eine Libelle auf einem Schilf-

Einsatz des Doppeldrahtauslösers zur Steuerung der Vorwahl-Blendenautomatik bei Verwendung eines Balgengeräts. Hier wurde außerdem das Micro-Nikkor 1:3,5/55 mm in Retro-Stellung am Nikon-Balgengerät PB 4 eingesetzt.

rohr oder Schlangen, Eidechsen und zahlreiche große Schmetterlinge.

Weitwinkel (24 mm bis 35 mm). Sie sind möglichst zu vermeiden. Sie gehören nämlich zu den wenig geeigneten Objektiven für die Makrofotografie. Sie vermehren nur die Schwierigkeiten, auf die wir schon häufiger hingewiesen haben, denn sie verlangen eine noch kleinere Aufnahmedistanz als ein 50-mm-Normalobjektiv. Man kann jedoch auf sie zurückgreifen, wenn man einen großen Abbildungsmaßstab (von 3:1 bis 5:1) braucht, der sonst einen langen Balgenauszug erforderlich machen würde, mit all den damit verbundenen Schwierigkeiten: Belichtungszeitverlängerung und Verwacklungsgefahr . . .

Große Abbildungsmaßstäbe. Der Fotograf, der danach strebt, seine Objekte immer groß abzubilden, wird von den Normal- und auch von den Makroobjektiven sehr schnell enttäuscht sein. Vom Abbildungsmaßstab 2:1 ab nämlich nimmt die Schärfeleistung dieser Objektive deutlich ab. Um einen Abbildungsmaßstab von 3:1 bis 25:1 zu erreichen – darüber hinaus muß man mit dem Mikroskop arbeiten –, kann man nur Objektive mit sehr kurzer Brennweite verwenden. Sie sind speziell für sehr starke Vergrößerung von winzigen Objekten konstruiert

Fuß eines Mauergeckos (Tarentola mauritanica) [12x]. Dank der Haftlamellen an der Innenfläche der Finger kann sich diese Eidechse auch auf glatten Flächen sehr flink bewegen. Elektronenmikroskopische Untersuchungen zeigten, daß jede Haftlamelle mit winzigen Warzen gesäumt ist. An der Spitze verzweigen sich diese Warzen, um kleine spachtelartige Haftorgane zu bilden.

Abbildungsmaßstab: 2:1.
Makroobjektiv 55 mm in Retro-Stellung und Balgengerät.
Blende: 22–32.
Beleuchtung: Elektronenblitz; ein zweiter hellt den Hintergrund auf.

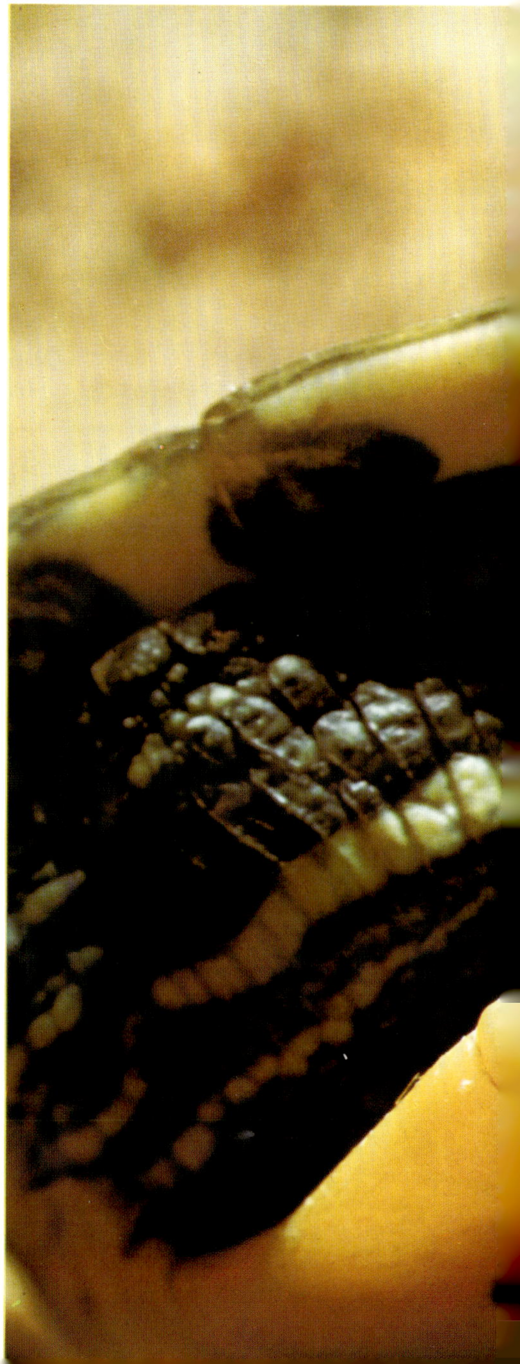

und haben den Vorteil, durch ihre kurze Brennweite mit geringen Balgenauszügen auszukommen. Ursprünglich wurden diese Objektive für die Mikroskopie konzipiert. Infolgedessen passen ihre Anschlußgewinde an kein Balgengerät. Will man sie mit einem Balgengerät an die Spiegelreflexkamera koppeln, braucht man dazu einen Anpassungsring. Diese Objektive besitzen kein Blendenvorwahlsystem, so daß die Blende vor der Aufnahme manuell eingestellt werden muß. Von der Firma Leitz werden die Photare angeboten. Das Photar 1:1,9/12,5 mm ermöglicht zusammen mit dem Leitz Balgengerät R einen Abbildungsmaßstab bis 16:1. Der Arbeitsabstand beträgt dann aber nur noch 9 mm. Weitere empfehlenswerte Brennweiten aus dieser Serie sind das Photar 1:2,5/25 mm und das Photar 1:4/50 mm. Die Firma Zeiss bietet mit den Luminaren eine vergleichbare Objektivreihe an.

Das Licht

Das Tageslicht, das natürliche Licht, bietet dem Fotografen ein zwar nicht so intensives, aber dafür viel «moduliertes» Licht als z. B. ein Blitzgerät, verleiht somit den Motiven Plastizität und vermeidet harte Beleuchtungskontraste. Außerdem gewährleistet

Schmuckschildkröte [12x].

Abbildungsmaßstab: 1,6:1.
Makroobjektiv 55 mm in Retro-Stellung und Balgengerät.
Blende: 16–22.
Beleuchtung: Elektronenblitz.
Beleuchtungsrichtung: Steil von oben. Ein zusätzlicher Reflektor hellt die Schatten auf.

Handbelichtungsmesser Lunasix 3 mit Televorsatz. (Heute ist der Lunasix 3 nicht mehr lieferbar – er wurde durch den Profisix ersetzt). Das System ermöglicht einen engen Meßwinkel (15° oder 7,5°), den man im Sucher des Belichtungsmessers kontrollieren kann.
Fast alle Kleinbild-Spiegelreflexkameras sind mit einem oder mehreren Belichtungsmeßsystemen versehen, wobei die Stromversorgung durch Batterien erfolgt. Diese Belichtungsmesser befinden sich in der Regel im Prismensucher oder hinter dem schwenkbaren Spiegel. Sie messen die einfallende Lichtmenge hinter dem Objektiv. Ein Umrechnen mit Belichtungsfaktoren ist also nicht erforderlich, da eine Auszugsverlängerung automatisch berücksichtigt wird.
Die hinter dem Objektiv eingebauten Belichtungsmesser – auch TTL-Belichtungsmesser (Trough The Lens) genannt – ermöglichen in der Regel eine Offenblendenmessung. Eine Koppelung Belichtungsmesser/Blendenring gewährleistet, daß das Meßsystem die angezeigte Blende berücksichtigt. Wenn man Zwischenringe oder ein Balgengerät zwischen Gehäuse und Objektiv setzt, unterbricht man in der Regel diese Koppelung. Die Messung der Lichtmenge muß dann bei Arbeitsblende erfolgen; man verliert dabei die Vorteile der automatischen Vorwahlblende.
Handbelichtungsmesser bleiben jedoch im Vergleich zu eingebauten Meßsystemen unübertroffen, weil sie sehr empfindlich sind. Bei schlechten Lichtverhältnissen sind sie allein imstande, exakte Angaben zu machen. Die Leistung eines TTL-Belichtungsmessers sollte mit einem Handbelichtungsmesser getestet werden!

diffuses Tageslicht eine besonders gute Farbwiedergabe ohne «ausgefressene» Lichter und «zugelaufene» Schattenpartien.

Tageslicht. Arbeitet man mit Tageslicht, muß die relativ geringe Lichtintensität und der zusätzliche Lichtverlust bei größeren Auszugsverlängerungen über die Belichtung ausgeglichen werden. Wir müssen also mit längeren Belichtungszeiten und relativ großen Blendenöffnungen arbeiten, wobei sich natürlich die Schärfentiefe verringert. In der Praxis erlaubt das Tageslicht Aufnahmen bis zu einem AM von 1:2 (Belichtungsfaktor = 2,3, d. h. etwas mehr als eine Blende) mit einem 50 ASA (18 DIN) Film. Bis zu dieser Grenze kann der Fotograf unter ziemlich bequemen Bedingungen arbeiten, d. h. ohne Blitzgerät, ohne große Rechnungen, was natürlich sehr von Vorteil ist, wenn es sich darum handelt, Schnappschüsse einzufangen. Wenn das Seitenlicht zu kraß ist – z. B. bei unbewölktem Himmel und seitlichem Sonnenlicht –, ist es erforderlich, einen Aufheller zu benutzen. Man stellt einen weißen Karton auf die Seite des Schattens, um so mit dem reflektierten Licht die Schatten aufzuhellen. (Zu starke Helligkeitskontraste können insbesondere bei Farbfilmen nicht befriedigend wiedergegeben werden.)

Die meisten Spiegelreflexkameras besitzen einen eingebauten Belichtungsmesser. Dieser Belichtungsmesser ermittelt die Lichtintensität, die auf den Film fällt, direkt durch das Objektiv. Er registriert den durch die Auszugsverlängerung entstandenen Lichtverlust und nimmt somit dem Fotografen die lästige Rechnerei mit Verlängerungsfaktoren ab. Wenn Sie aber eine Kamera ohne Innenmessung besitzen, müssen sie mit einem Handbelichtungsmesser arbeiten und die Belichtungsangaben mit dem vorher ermittelten Verlängerungsfaktor multiplizieren.

Der Elektronenblitz. Der Elektronenblitz hat den Vorteil, ein Licht zu spenden, dessen Intensität und Richtung kontrollierbar ist. Man kann ihn ziemlich nahe an das Objekt heranbringen und somit dank der hohen Leistung moderner Blitzgeräte kleine Blenden verwenden und die volle Schärfentiefe ausnutzen, ein beträchtlicher Vorteil in der Makrofotografie. Die kurze Blitzzeit (in der Regel 1/1000 s) räumt außerdem alle Verwacklungsgefahren aus dem Wege.

Der Elektronenblitz ist also eine hervorragend geeignete Lichtquelle für den Makrofotografen. Schon bei einem Abbildungsmaßstab von 1:2 erweist er sich als sehr nützlich. Bei größeren AM ist er sogar unentbehrlich.

Diese Vorteile haben natürlich ihre Kehrseite. Das Elektronenblitzgerät ist zuerst einmal ziemlich unhandlich, da der Fotograf noch Verbindungsstücke, Blitzschiene und Synchronisationskabel verwenden muß: ein Umstand, der seine Aufmerksamkeit von dem kleinen Objekt, das er fotografieren will, oft ablenkt.

1

Ferner bringt ein Blitzgerät immer eine frontale, unvorteilhafte Beleuchtung mit sich, die zwischen Schatten- und Lichterzone starke Kontraste entstehen läßt. Deshalb muß man dem Blitzgerät gegenüber unbedingt Aufheller (einfache weiße Kartons) stellen und diese ziemlich nahe ans Objekt heranbringen. Das gleiche Ergebnis erzielt man allerdings auch, wenn man zwei Blitzgeräte benutzt, die vor und hinter die Kamera gestellt werden. Dabei muß darauf geachtet werden, daß das Licht dem Bild genügend Plastik verleiht. Das Licht darf also nicht gleichmäßig auf das Motiv fallen; dafür benutzt man zwei Blitzgeräte unterschiedlicher Leistung oder stellt sie in verschiedenen Abständen zum Motiv auf.

2

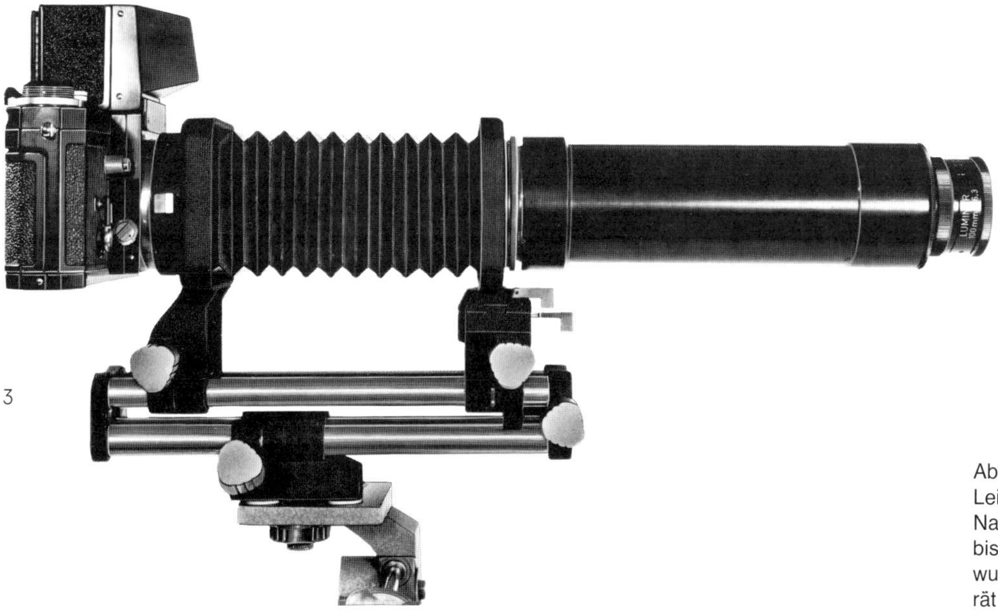

3

Abb. 1: Nikon-Kamera mit Leitz Photar-Objektiv für Nahaufnahmen (AM: 4:1 bis 25:1). Ein flacher Adapterring wurde speziell für das Balgengerät hergestellt.

Abb. 2: Luminar-Objektiv 100 mm (Zeiss) für Abbildungsmaßstäbe zwischen 1:1 und 8:1 mit speziellem Zwischenring auf Balgengerät Nikon PB 4 angesetzt.

Abb. 3: Der 18 cm lange Zwischenring in Verbindung mit dem Luminar 1:6/100 mm erlaubt einen maximalen Abbildungsmaßstab von 4:1. Die lange Brennweite des Objektivs macht eine lange Auszugsverlängerung notwendig.

Ein anderer Nachteil des Blitzgerätes besteht darin, daß man die Qualität der Ausleuchtung meistens schlecht abschätzen kann, da das Licht nur kurz aufleuchtet. Bei Innenaufnahmen ist es möglich, das Ergebnis im voraus annähernd zu ermitteln, indem man direkt neben den Blitzreflektor eine Lampe aufbaut (100-W-Normallampe) und die Einstellung bei diesem Licht (Fensterläden zu) beurteilt. So können eine schlechte Position des Blitzgerätes korrigiert und eventuell noch Aufhellflächen dazugebaut werden.

Der letzte Nachteil eines Blitzgerätes liegt im raschen Absinken der Helligkeit zur Raumtiefe hin. Der Vordergrund ist noch korrekt belichtet, aber je weiter die anderen Motivteile von der Lichtquelle entfernt liegen, um so dunkler werden sie abgebildet. Um dagegen zu wirken, kann man hinter dem

Aufnahme mit einem Blitzgerät
AS: Aufhellschirm (weißer Karton).
B: Blitzgerät seitlich (gestattet weiches Licht).
K: Synchronisationskabel.
M: Motiv.

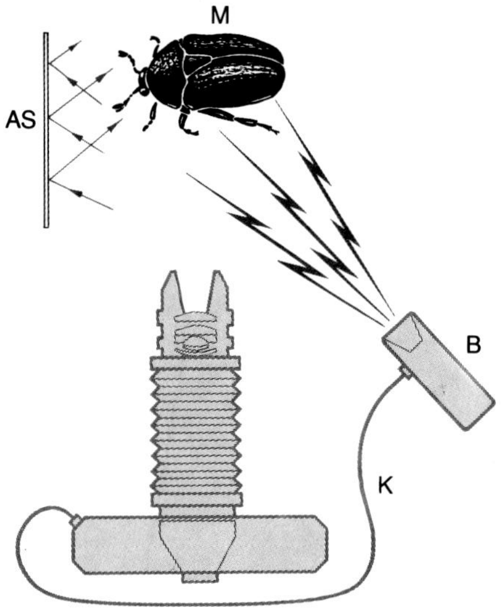

Um zwei verschiedene Blitzgeräte zu synchronisieren, ist eine Fernauslösung einem Mehrfachstekker vorzuziehen. Der Fernauslöser wird am Zusatzblitzgerät angeschlossen. Hauptblitzgerät und Kamera stehen über Anschlußkabel in Verbindung (so können eventuelle Schäden beim Aneinanderkoppeln von Blitzgeräten vermieden werden.

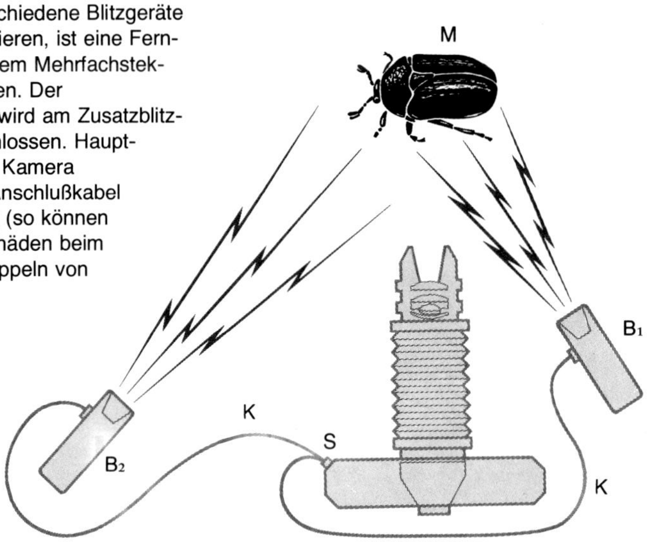

Aufnahme mit zwei Blitzgeräten.
B_1: Hauptblitzgerät nicht weit vom Motiv und in der Aufnahmeachse.
B_2: Blitzgerät, um die Schatten vom B_1 abzuflachen. Es liegt viel weiter entfernt vom Motiv als B_1 und steht seitlich.
K: Synchronisationskabel.
S: Mehrfachstecker für Anschlüsse mehrerer Kabel am Gehäuse.
M: Motiv.

Es empfiehlt sich, das Licht des Hauptblitzgerätes auf den Kopf des Tieres zu richten.

Hauptmotiv einen künstlichen Hintergrund aufbauen (entweder eine Baumrinde, ein Blatt oder einen farbigen Hintergrundkarton), der die Raumtiefe reduziert und damit einen dunklen Hintergrundverlauf vermeidet.

Für Freilichtaufnahmen eignen sich Blitzgeräte mit schwacher Lichtausbeute (Leitzahl: 18 bis 22). Da solche Blitzgeräte nicht sehr schwer sind, können sie direkt am Blitzschuh der Kamera befestigt werden. Für Studioaufnahmen empfiehlt sich ein leistungsstärkeres Blitzgerät (Leitzahl: 25 bis 32). Es wird neben der Kamera auf ein Stativ gesteckt.

Computerblitze. Mit ihnen kann man bis 0,5 m an das Objekt herangehen. Sie sind aber für den Makrofotografen unbrauchbar, es sei denn, man kann die Blitzautomatik abschalten.

Ringblitze. Diese besitzen eine ringförmige Elektronenblitzröhre, die wie ein Kranz um das Objektiv herum aufgesetzt wird, wodurch sich eine schattenfreie flache Beleuchtung ergibt, die ziemlich unangenehm wirkt. Ein solches Blitzgerät kann uns aber bei großen Abbildungsmaßstäben aus der Verlegenheit helfen, wenn der kurze Abstand Objektiv-Motiv den Einsatz eines normalen Blitzes unmöglich macht. (Das Objektiv würde Schatten auf das Objekt werfen.)

Benutzt man ein Blitzgerät, so läuft die Bestimmung der richtigen Belichtung auf das exakte Errechnen des Blitz-Objekt-Abstandes hinaus unter Berücksichtigung der vorgewählten Blende (in der Regel: Blende 16 oder 22). Diese Distanz hängt von der Leistung (Leitzahl) des Blitzgerätes ab, vom Abbildungsmaßstab und auch von der Empfindlichkeit des verwendeten Films. All diese Faktoren erfordern komplizierte Rechnungen. Um den richtigen Abstand Blitz-Objekt einzustellen, ist es viel einfacher, auf eine vorgefertigte Tabelle zurückzugreifen. Sie nennt den einzuhaltenden Abstand für jede Blende, und zwar je nach Abbildungsmaßstab und Leitzahl des Blitzgerätes (siehe Tabelle am Ende des Buches).

Da die vom Hersteller angegebene Leitzahl nur für Beleuchtungsabstände zwischen 1 und 5 Metern gilt, müssen wir die Leitzahl des verwendeten Blitzgerätes für unsere Zwecke neu errechnen. Ab einem Meter Entfernung sinkt die Leitzahl proportional zum Blitz-Objekt-Abstand. Deswegen ist es empfehlenswert, mehrere Testaufnahmen mit verschiedenen Abbildungsmaßstäben (1:10, 1:5, 1:1, 2:1 usw.) und gleicher Blende (z. B. 22) zu schießen. Das ausgesuchte Motiv sollte eine mittlere Dichteverteilung aufweisen, d. h. weder zu kontrastreich sein noch vorwiegend helle oder dunkle Motivteile besitzen. Für jeden Abbildungsmaßstab fotografiert man mit verschiedenen Abständen zwischen Blitzgerät und Objekt. Dabei fängt man mit dem Abstand an, der der auf der Tabelle angegebenen Leitzahl entspricht, und setzt das Verfahren mit zumindest fünf weiteren kleineren Leitzahlen fort. Die Bildergebnisse zeigen die reale Leitzahl des Blitzgerätes in Abhängigkeit zum Abbildungsmaßstab (bei einer bestimmten Filmempfindlichkeit). In der späteren Praxis kann man auf diese einmal ermittelten Werte zurückgreifen: Für eine Aufnahme mit einem AM von 1:1,5 z. B. beträgt die Leitzahl den Mittelwert zwischen der Leitzahl für den AM 1:2 und der Leitzahl für einen AM 1:1, die bei den Versuchsaufnahmen bestimmt wurden.

Die in der Tabelle angegebenen Werte gelten nur für Motive mittlerer Dichteverteilung. Bei sehr hellen Motiven muß man die Belichtung korrigieren, indem man eine halbe oder eine ganze Stufe abblendet (oder indem man den Abstand Blitz-Objekt mit 1,2 oder 1,4 multipliziert). Wenn dunkle Farben dominieren, sollte man die Blende um dieselben Werte öffnen oder den Abstand durch dieselben Zahlen dividieren.

Der Film

Hauptmerkmal eines Films ist seine Lichtempfindlichkeit. Je empfindlicher er ist, um so weniger Licht braucht er. Die Empfindlichkeit wird in DIN oder ASA angegeben.

Beim ASA-System (American Standards Association) gilt: Ein Film von 100 ASA ist doppelt so empfindlich wie ein Film von 50 ASA.

Beim DIN-System (Deutsche Industrie Normen) entspricht eine Steigerung oder Verringerung um 3 DIN jeweils einer Empfindlichkeitsverdoppelung oder -halbierung. Ein Film von 18 DIN z. B. ist doppelt so empfindlich wie ein Film von 15 DIN.

Verfügt man über genug Licht (Tageslicht bei kleinem AM oder Blitzlicht), ist es empfehlenswert, niedrigempfindliche Filme zu verwenden (25 oder 50 ASA bzw. 15 oder 18 DIN), die mit ihrer geringen Körnigkeit sehr scharfe Aufnahmen ergeben. Bei den Farbfilmen steht der Kodachrome 25 mit einem Auflösungsvermögen von 100 L/mm zur Zeit an der Spitze. Mit dem Agfachrome Professional 50 erzielt man aber auch sehr gute Ergebnisse. Bei schlechten Lichtverhältnissen (Tageslicht, AM um 1:2 oder darüber) empfiehlt sich, hochempfindliche Filme zu verwenden (100 bis 400 ASA), wie z. B. den Fujichrome R 100 (100 ASA) oder den Ektachrome 200 (200 ASA), die man dank einer speziellen Entwicklung in ihrer Empfindlichkeit noch steigern (pushen) kann.

Nikon F2 mit Medical-Nikkor Auto 1:5,6/200 mm mit eingebautem Ringblitz und sechs Vorsatzlinsen. Der Ringblitz besitzt zusätzlich 4 Glühlampen, die das Einstellen erleichtern. Die Lichtdosierung erfolgt automatisch nach Einstellung der Filmempfindlichkeit und des Abbildungsmaßstabes am Objektiv über die dadurch gesteuerte Blende. Dieses Objektivsystem ist besonders für schwierige Aufnahmesituationen zu empfehlen.

Unten:
Sunpak-Elektronenblitzgerät, ansetzbar auf verschiedenen Objektiven. Es wird mit drei verschiedenen Stromquellen angeboten.

Diese Filme weisen eine gröbere Körnigkeit auf, die Kontrastwiedergabe ist dagegen deutlich flacher.

Praktische Extras

Stative sind besonders nützlich bei Innenaufnahmen. Gerade bei den sehr kurzen Aufnahmeabständen ermöglicht ein Stativ eine präzise Ausschnittsbestimmung und eine hervorragende Schärfeeinstellung, wobei sich ein Einstellschlitten als sehr vorteilhaft erweist. Mit dem Einstellschlitten kann man Kamera und Objektiv auf einer Zahnschiene hin und her bewegen. Manche Balgengeräte sind mit zwei Schienenpaaren versehen; die unteren Schienen dienen in diesem Fall zur Feinregulierung des Aufnahmeabstandes.

Abb. 1: Innenaufnahme mit Elektronenblitz und Reflektor. Rechts vom Blitzgerät das Einstellicht.

Abb. 2: Außenaufnahme mit zwei Elektronenblitzgeräten unterschiedlicher Leistung. Links von der Kamera nahe der optischen Achse der Blitz mit hoher Leitzahl. Rechts die Leuchte mit geringer Leitzahl. Das Objektiv ist ein Micro-Nikkor 1:4/105 mm.

1

2

Bei Außenaufnahmen mit großem Aufnahmeabstand empfiehlt es sich, die Kamera in der Hand zu behalten. Auf diese Weise kann man bei «unruhigen Modellen» die Kamera nachziehen; ein Stativ zwingt uns dagegen zu einer gewissen Unbeweglichkeit.

Bei Teleobjektiven ab einer Brennweite von 200 ist es empfehlenswert, ein Schulterstativ zu benutzen, um ein Verwackeln der Aufnahme zu vermeiden, besonders dann, wenn keine extrem kurzen Belichtungszeiten (1/250 s) möglich sind. Mit einem 300-mm-Objektiv und Schulterstativ kann man bis zu 1/60 s gehen.

Die meisten Spiegelreflexkameras sind heutzutage mit einer Mattscheibe versehen, kombiniert mit einem Schnittbildindikator, auch Schnittbild-Entfernungsmesser genannt. Die Entfernungseinstellung gewinnt zwar erheblich an Präzision, da die Konturen so lange gegeneinander versetzt erscheinen, bis die Entfernung richtig eingestellt ist, aber dieses Einstellprinzip (dessen Nützlichkeit schon bei normalen Aufnahmen in Zweifel gezogen werden kann) ist bei Nahaufnahmen unwirksam und sogar störend. Dieser Einstellbereich inmitten des Suchers behindert nämlich die Bestimmung des Bildausschnitts erheblich. Wenn die Kamera so konzipiert ist, daß die Sucherscheibe auswechselbar ist, empfiehlt es sich, eine Vollmattscheibe oder eine Fresnelscheibe zu benutzen. (Letztere ist noch vorteilhafter, da sie für eine gleichmäßigere Ausleuchtung des Sucherbildes sorgt.) Bei Aufnahmen mit großen Abbildungsmaßstäben (2:1 bis 10:1) oder bei Mikroskopaufnahmen fällt sehr wenig Licht auf die Mattscheibe, deren Körnigkeit die Schärfeneinstellung erschwert. Dann sollte man zur Luftbild-Fokussierung eine klare Sucherscheibe mit Fadenkreuz benutzen.

Die Kleintierfotografie zwingt uns oft, am Boden zu arbeiten. Um in solchen Fällen noch bequem durch den Sucher schauen zu können, kann man auf zwei weitere Hilfsmittel zurückgreifen. Das erste, das uns zur Verfügung steht, heißt «Winkelsucher». Er wird hinter dem Dachkantprisma eingeschraubt und gibt das Motiv aufrecht stehend wieder. Das zweite Mittel ist der Sucherschacht, mit dem man den Bildausschnitt im rechten Winkel zur Objektivachse beurteilen kann – eine wichtige Voraussetzung für einen relativ bequemen Suchereinblick bei sehr niedrigem Kamerastandpunkt. (In beiden Fällen, beim Winkelsucher wie beim Sucherschacht, ist das Sucherbild

4

Abb. 4: Beispiel einer preiswerten Kameratasche ist diese Kühlbox mit Leinenüberzug. Mit dieser Tasche ist das Material gegen Hitze und Stoßeinwirkungen gut geschützt. Formteile aus Polystyrol wurden selber zugeschnitten und eingesetzt.

3

Abb. 3: Dachkantprismensucher mit zusätzlichem Winkelsucher. Ein solcher Sucher erleichtert die Suchereinstellung bei sehr niedrigen Kamerastandpunkten.

Mikroskopaufnahmen

Abb. 1: Larven von Seeigeln [300 x].
Bestandteile des Planktons

Abb. 2: Kristalle von Calciumoxalat (ein Zellinhaltsstoff des Efeublattes) [500x].

Abb. 3: Goldfischschuppe [350 x] (mikroskopische Aufnahme der Wachstumsringe).

seitenverkehrt.) Schließlich kann eine Kamera mit Motor auch bei Makrofotografie interessant sein. Eine solche Kamera ermöglicht Bildserien mit kurzem Zeitintervall (eine bis fünf Aufnahmen pro Sekunde). Leider verlangt die Makrofotografie meistens ein Blitzgerät. Der Fotograf wird gezwungen, zwischen den einzelnen Aufnahmen eine Pause einzulegen, um die Blitzlampe zu wechseln bzw. die Blitzladezeit abzuwarten (etwa drei bis acht Sekunden), bzw. sich ein spezielles Blitzgerät für die Winderfotografie an-

1

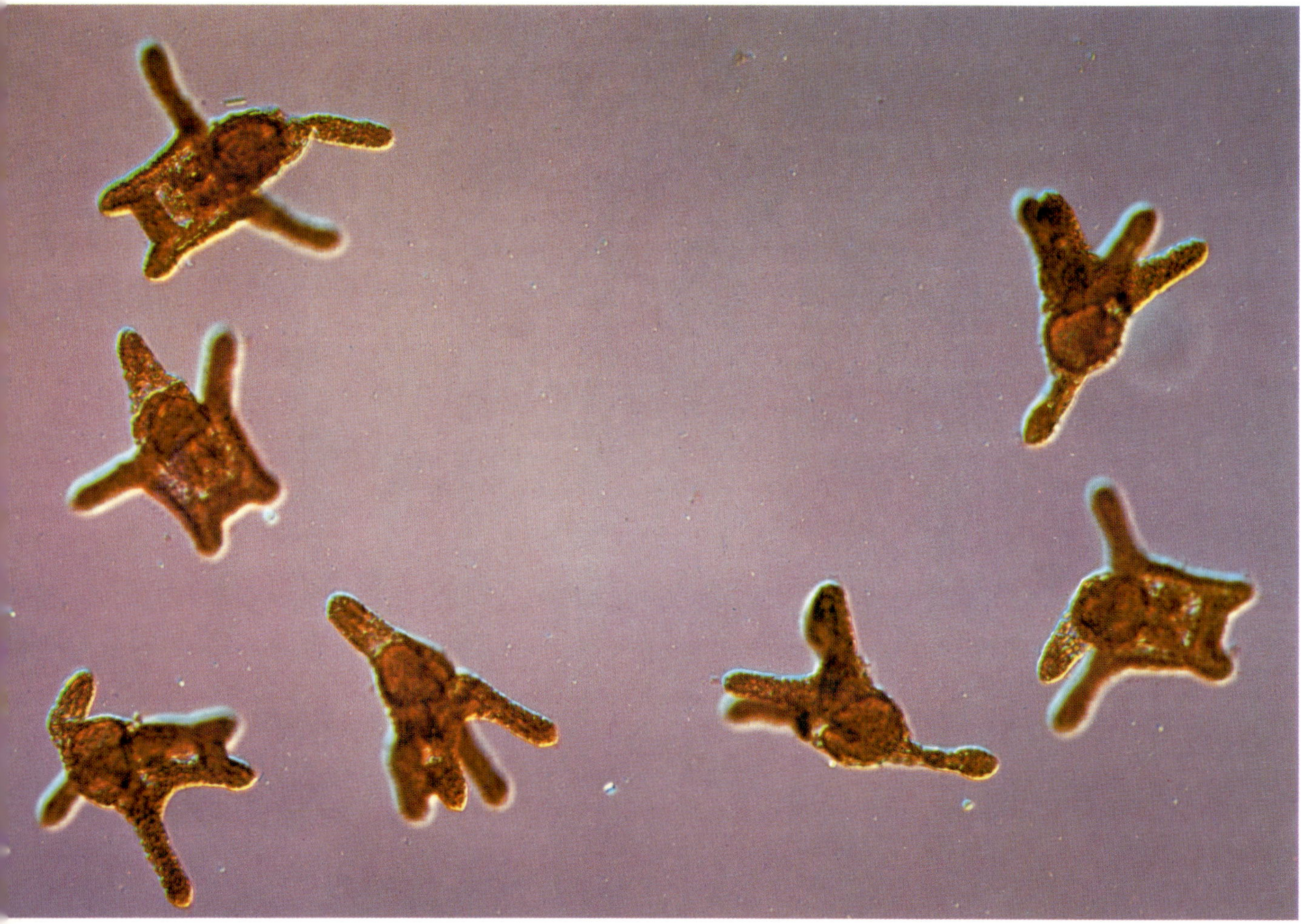

2

3

Mikroskopobjektiv 10 x.
Zoom-Okular 6,3 x bis 10 x.
Belichtungszeit: 1/25 s.
Glühlampe 100 Watt 12 V.
Die Farbkontraste wurden mittels eines Spezialinterferenzsystems erzeugt.
Film: Kodachrome Kunstlichtfilm.
Zetopan-Mikroskop der Firma Reichert.

zuschaffen. Die Nützlichkeit einer Motorkamera besteht aber vielmehr darin, daß der manuelle Bildtransport entfällt: Manche Insekten, denen man sich sonst sehr leicht nähern kann, fliehen sofort, wenn der Fotograf den Bildtransporthebel bedient. Ferner können sich durch den manuellen Bildtransport bei präzisen Arbeiten leicht die Schärfeeinstellung und der Ausschnitt verschieben.

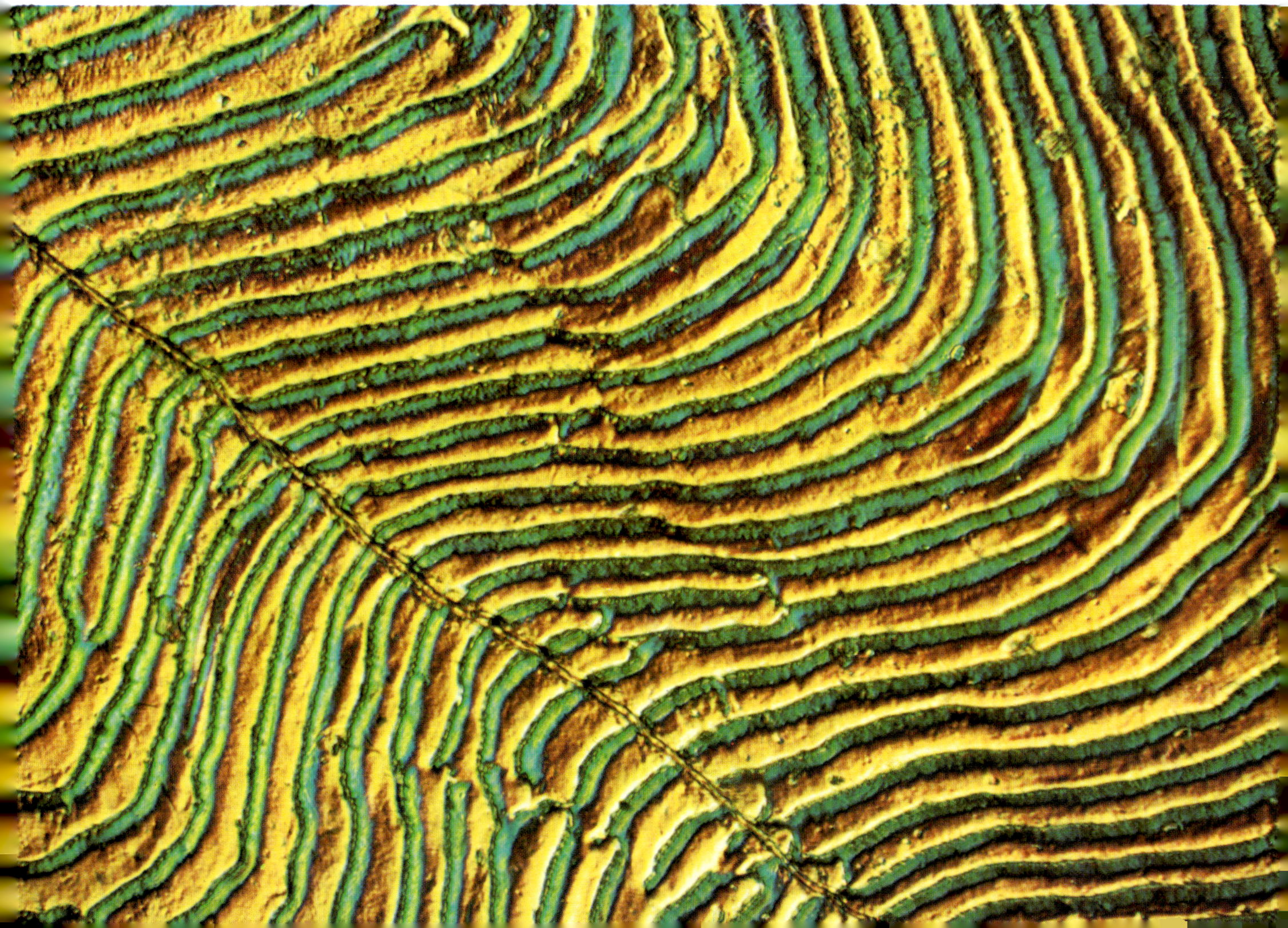

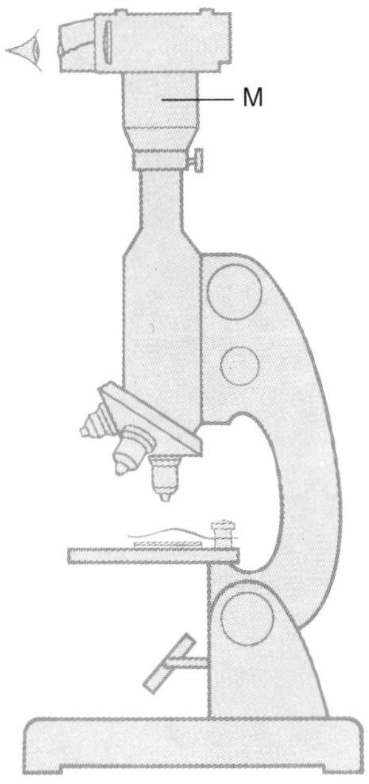

Anschluß einer Spiegelreflexkamera an das Mikroskop über Mikroskop-Adapterring (M).

Die Kamera wurde in diesem Beispiel an einem eigenen Stativ befestigt. Die Koppelung mit dem Mikroskop erfolgt über eine Stoffmanschette (T) und Zwischenring (B).

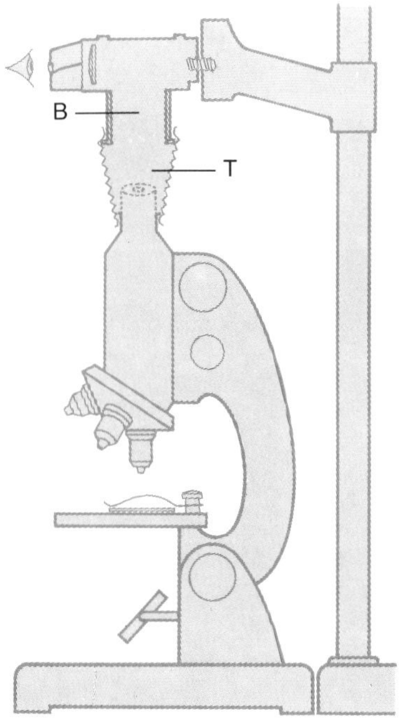

Mikroskopaufnahmen

Es ist viel unkomplizierter als man denkt, mit einem Mikroskop Schwarzweiß- oder Farbbilder zu machen. Vorausgesetzt man beschränkt sich auf geringe Abbildungsmaßstäbe. Hier erweist sich eine Spiegelreflexkamera wiederum als das ideale Gerät.

Die Kamera wird ohne Objektiv benutzt, da dieses durch das Okular des Mikroskops ersetzt wird. Mittels eines Spezialtubus koppelt man die Kamera mit dem Mikroskop. Diesen Tubus erhalten Sie über jedes Fachgeschäft, das Mikroskope führt. Er paßt auf alle Okulare mit Standarddurchmesser. Man kann auch die Kamera mit einem längeren Zwischenring versehen und zwischen Ring und Okular ein lichtdichtes Balgengerät aus schwarzem Stoff anbringen. Die Kamera wird auf einem Reprostativ befestigt, um nicht zu verwackeln.

Die Schärfeeinstellung erfolgt über die Zahnstange des Mikroskops und wird über die Mattscheibe kontrolliert (oder besser über eine klare Glasscheibe, wenn der Sucher auswechselbar ist).

Eine Opallampe erweist sich bei Schwarzweiß-Fotografie als die beste Lichtquelle. Die Verwendung eines gelbgrünen Aufnahmefilters ermöglicht eine optimale Grauwertdifferenzierung.

Bei Farbaufnahmen eignen sich Dia-Projektoren als Lichtquelle, da sie ein starkes und von der Farbtemperatur (3200 K) her geeignetes Licht spenden. Eine Mattscheibe, eingesetzt im Diaschacht, ermöglicht eine optimal gleichmäßige Ausleuchtung. Man kann Kunstlicht- oder Tageslichtfilme (Filter 80-A vorschalten) verwenden. Die Alternative zum Diaprojektor als Lichtquelle wäre ein Elektronenblitzgerät mit niedriger Leitzahl. In diesem Fall wird der Tageslichtfilm ohne Konversionsfilter eingesetzt. Die Schärfeeinstellung erfolgt bei Glühlampenbeleuchtung, indem man eine Opallampe direkt vor den Blitzreflektor stellt.

Durch polarisiertes Licht werden oft spektakuläre Farbaufnahmen erzielt. Eine solche Beleuchtung erhält man sehr einfach mit zwei Polarisationsfiltern (Polfiltern), die man in jedem Fachgeschäft, das sich auf Mikroskope spezialisiert hat, kaufen kann. Eines dieser Polfiter legt man in der Durchlichtmikroskopie unter den Objektträger; das andere befestigt man zwischen Okular und Kamera. Dreht man eines der Polfilter, so kann man beobachten, daß Objekte, die das Licht polarisieren können (Mikro-Kristalle, pflanzliche Zellen u. a.), sich von schwarzem Hintergrund in intensiven Farben abheben.

Die richtige Belichtungszeit läßt sich meist erst durch mehrere Probebelichtungen bestimmen, indem man sie jeweils verdoppelt (z. B. 1/30; 1/15; 1/8; 1/4; 1/2; 1 Sekunde). Verwendet man ein Blitzgerät, verändert man den Beleuchtungsabstand oder setzt Graufilter ein, die je nach Absorptionsvermögen (50 %, 25 %, 12 %, 6 %, 3 %) verschiedene Belichtungen zulassen. Die erzielten Ergebnisse gelten für alle weiteren Aufnahmen, vorausgesetzt Vergrößerungsmaßstab und Beleuchtungseinrichtungen bleiben unverändert. (Es empfiehlt sich jedoch auch später, jeweils drei Aufnahmen zu machen: eine Aufnahme entsprechend der Testbelichtungszeit und je eine Aufnahme mit doppelter und halber Belichtungszeit.)

Einige Handbelichtungsmesser wie der Lunasix-3 erlauben durch einen speziellen Okularadapter ein genaues Messen der Belichtungswerte. Die in den Spiegelreflexkameras eingebauten Belichtungsmesser sind meist nicht empfindlich genug, um in diesem Extrembereich noch exakt zu messen. Diese Meßmethode kann natürlich nur bei Kunstlicht Verwendung finden, nicht bei Blitzbeleuchtung. Die oben erwähnten Angaben gelten alle nur für geringere – d. h. bis 100fache Vergrößerungen. Stärkere Vergrößerungen verlangen ganz spezielle Beleuchtungstechniken, deren Beschreibung dem Buch «Wunderwelt der Mikrofotografie» (in der selben Ausstattung ebenfalls erschienen bei Laterna magica, München) vorbehalten bleibt. Sie werden darin alles über spezielle Beleuchtungslinsen, Köhler-Beleuchtung, Kollektoren, Feldblende usw. finden.

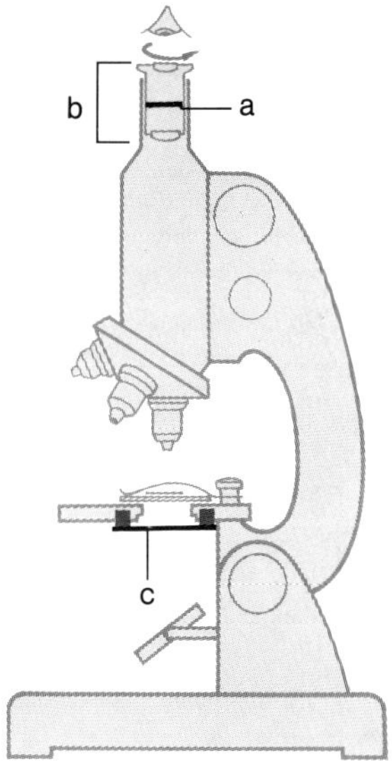

Oben:
Verwendung des polarisierten Lichts in der Mikroskopie.

a) Rundes Polfilter auf der Zentralblende des Okulars. Dieses Filter nennt man «Analysator».
b) Okular. Der Analysator wird nach Aufschrauben des oberen optischen Teils eingesetzt.
c) Viereckiges Polfilter unter dem Objektträger des Mikroskops mit Tesafilm aufgeklebt. Dieses Polfilter nennt man «Polarisator».
Wenn man eine Einstellung der Schärfe am Okular dreht, ist an einer bestimmten Stelle alles dunkel; die Polfilter stehen in gekreuzter Position. Wenn das Objekt das Licht polarisiert, erscheint es dann mehr oder weniger hell, oft sogar in den schönsten Farben. Dieser Effekt ändert sich, wenn man die Stellung des Analysators ändert.

Oben links:
Aufsetzen einer Spiegelreflexkamera 24x36 mm auf ein Mikroskop. Mit einem Schachtsucher arbeitet sich's am einfachsten.

Die Bildkartei

Um die Aufnahmetechnik zu verbessern, empfehlen wir Ihnen nachdrücklich, für jeden belichteten Film eine Karteikarte anzulegen, wobei Sie die Bedingungen, unter welchen die einzelnen Aufnahmen gemacht wurden, notieren. Mit der Hilfe dieser Bildkartei werden Sie sehr viele Fehler vermeiden und Ihre Arbeitsmethode bei den verschiedenen Motivgruppen verbessern können. Bei Dias können Sie die Nummer des Filmes und die der Aufnahmen direkt auf den Rahmen schreiben. Die Erfahrung lehrt, daß die praktischste Klassifizierungsmethode die klassische zoologische bzw. botanische Einordnung ist. Dieses System von immer präziseren Unterklassifizierungen ermöglicht es, die gewünschten Daten sehr schnell zu finden; und es hat noch dazu den Vorteil, daß Sie Ihr Wissen erweitern. Dias verschwinden allzu oft in Schubladen. Wenn sie eingeordnet sind, können Sie leicht eine «Serie» zusammenstellen. Das Projizieren von fotografischen «Sequenzen» – z. B. die verschiedenen Stufen der Verwandlung einer Raupe – macht

Gottesanbeterinnen [1,5x]. Während der Paarung umschlingt das zierlichere Männchen seine Partnerin mit den Beinen.

Abbildungsmaßstab: 1:3,33.
Makroobjektiv 55 mm.
Blende: 5,6.
Belichtungszeit: 1/125 s.
Beleuchtung: Tageslicht.
Gegenlichtaufnahme.

jeden Diavortrag lebendiger. Durch Kombination von Nah- und Normalaufnahmen bekommt Ihr Vortrag einen gewissen Rhythmus, der nie langweilig wirkt und der die Wirkung der einzelnen Nahaufnahmen steigert.

Begleitmusik unterstreicht die Aussagekraft der Bilder, Originalgeräusche schaffen Atmosphäre (so z. B. Wind, Rascheln von Blättern, Plätschern des Wassers oder des Regens, Vogelgesang, Insektenzirpen, Froschquaken oder Summen einer Biene). Wenn Sie es nicht selbst aufnehmen, können Sie solche Tonaufnahmen im Fachhandel kaufen. Auch wenn Ihre Tonaufnahmen längst nicht perfekt sind, werden Sie bestimmt viel Freude damit haben.

Tonaufnahmen am «Originalschauplatz»

Am besten verwendet man ein dynamisches Richtmikrofon. Auf diese Weise vermeidet man die lästigen Nebengeräusche bei Außenaufnahmen, (Auto, Flugzeugmotoren oder Krähen eines Hahns während der Aufnahme von quakenden Fröschen). Ferner kann auch eine sehr sanfte Brise unangenehme Störungen auf der Aufnahme bewirken. Ein Windschutzschirm – ein preiswertes Zubehörteil – aus Schaumstoff, den man auf das Mikrofon aufsetzt, wird diese Störungen vermeiden. Zu diesem Zweck kann man aber auch behelfsmäßig ein Taschentuch benutzen. Da die Töne, die Insekten und Amphibien hervorbringen, verhältnismäßig schwach sind, sollte man mit dem Mikrofon so nah wie möglich an die Tonquelle herangehen (jedoch nicht unter 10 cm Entfernung, da Sie bei zu kurzem Aufnahmeabstand später manche Anomalien auf der Aufnahme feststellen würden).

Ein Parabolreflektor eignet sich hervorragend für Tonaufnahmen von Tieren, denen man sich nur schlecht nähern kann (z. B. Zikaden, Frösche oder Vögel). Die Verstärkerwirkung dieser Reflektoren ergänzt die technischen Möglichkeiten des Richtmikrofons. (Die Metalloberfläche reflektiert die empfangenen Tonschwingungen zentriert auf das Mikrofon.)

Schließlich: Je höher die Bandgeschwindigkeit bei der Aufnahme, um so besser ist die Aufnahmequalität. Die Maximalgeschwindigkeit (in der Regel 19 cm/Sekunde bei Spulengeräten) ist auf alle Fälle zu empfehlen, um sehr hohe Töne wie die Laute der Insekten aufzunehmen.

Erdkröten (Buto bufo) [2,5x]. Während der Paarung klettert das Männchen auf das Weibchen und hält es fest umklammert.

Abbildungsmaßstab: 1:2.
Brennweite: 105 mm und Balgengerät.
Blende: 11–16.
Beleuchtung: Elektronenblitz und Aufhellschirm.
Film: Kodachrome 25.

Auf der grünen Wiese . . .

Im Reich der Blumen

Die Wiese ist zweifelsohne der Ort, wo das Zusammenleben von Tier- und Pflanzenwelt besonders augenfällig wird. Wenn der Frühling erwacht, schwärmen Tausende von Insekten um die ersten zarten Knospen, die sich bald in ein leuchtendes Blumenmeer verwandeln. Dieses optische und akustische Phänomen, das mittlerweile niemanden mehr erstaunt, wurde vor 100 Millionen Jahren zu einer Wende in der Geschichte der Lebewesen. In dieser fernen Urzeit zeichnete sich nämlich eine entscheidende Revolution in der Pflanzenwelt ab: die ersten Blütenpflanzen tauchten auf. Den Insekten, von denen es ungeflügelte Formen schon seit mindestens 350 Millionen Jahren und geflügelte seit mindestens 280 Millionen Jahren gibt, eröffneten sich mit dem Auftreten der Blütenpflanzen ganz neue Ernährungsmöglichkeiten. Ursprünglich hatten sie es besonders auf den Pollen abgesehen. Auch die Blütenpflanzen profitierten von den Insekten. Viele von ihnen vertrauten den Insekten die Übertragung des Blütenstaubes und damit die Befruchtung an. Sie entwikkelten besondere Einrichtungen, um die Übertragung zu gewährleisten, und begannen sogar, Insekten durch auffällig gefärbte Blütenblätter und durch nektarabsondernde Blüten anzulocken.

Die zahlreichen Blumen und bestäubenden Insekten, die uns heute auf einer Wiese begegnen, sind das Ergebnis dieser langen Entwicklung. In einem Feld, wo nichts anderes wächst als Schneckenklee, d. h. wo den Insekten nur eine Blüte geboten wird, haben die Biologen schon siebenhundertneunzig Insektenarten gezählt!

Besonders häufig sind bestäubende Insekten in der Mitte des Sommers, und zwar ganz genau dann, wenn die Doldengewächse blühen. Käfer aller Art, Fliegen, Schmetterlinge, Wespen und Bienen schwirren dann überall in den buschigen Blütenständen umher, die sie allesamt als praktischen, bequemen «Flugplatz» ausgesucht haben. Die Tausende winzigen Blüten dieser Dolden sind eine unerschöpfliche Quelle von Pollen und Nektar, die für jedes Insekt leicht zu erreichen ist. Und auch der Makrofotograf bereut es nicht, sein Augenmerk auf diese Blüten zu richten, zumal er in ihrer Mitte über sozusagen natürliche Reflektoren verfügt, die seine Objekte mit weichem Licht und feinen Schatten umgeben. Dabei muß er lediglich daran denken, die Angaben des Belichtungsmessers zu korrigieren, d. h. eine Stufe abzublenden, wenn er mit Blitzlicht arbeitet, und bei Tageslicht eine Stufe aufzublenden.

Manche Blumen bieten ihren Nektar nicht so freigebig an. Die köstliche Nahrung ist nur den wenigen Insektenarten zugänglich, deren Mundwerkzeuge das Sammeln in dem besonders geformten Blütenkelch erlaubt. So z. B. die Kornrade, die ihren Nektar auf dem Grund eines langen röhrenförmigen Kelches verbirgt und somit nur langrüsselige Schmetterlinge als Gäste einlädt. Einen davon hat diese geizige Blume sozusagen als Freund auserwählt, den Ligusterschwärmer (Sphinx ligustri), der schwebend in der Luft verharren und gleichzeitig seinen langen Rüssel in die Blüte einführen kann, um den Nektar zu saugen.

Fruchtfliege (Familie der Drosophilidae) [6x]. Diese Fliege hält sich sehr gerne zwischen hohen Gräsern auf. Man kann sie nur entdecken, wenn man mit dem Objektiv in dieses Pflanzenmeer eindringt.

Abbildungsmaßstäbe: 1:1,25.
Makroobjektive 55 mm mit automatischem Zwischenring.
Blende: 5,6.
Belichtungszeit: 1/125 s.
Beleuchtung: Tageslicht um die Mittagszeit.

Doppelseite 60–61:
Kleiner Heufalter (Aphantopus hyperanthus) [2,5x]. Wir haben ihn früh am Morgen entdeckt. Eine Tauperle leuchtet noch an der Spitze des Halmes auf.

Abbildungsmaßstab: 1:4.
Makroobjektiv 55 mm.
Blende: 4.
Belichtungszeit: 1/60 s.
Beleuchtung: Tageslicht bei sehr bewölktem Himmel.

Sehr beliebt bei den Bienen ist die wilde Salbei (Salvia), deren blauviolette Blüten in dichten Trauben zusammenstehen und die ihre Gäste in idealer Weise mit Pollen bestäubt: Die Biene landet auf der «Unterlippe» des Blütenkelches und dringt auf der Suche nach der Nektarquelle langsam vorwärts hinein. Dabei neigen sich zwei lange Staubgefäße, die ihren Pollen auf den behaarten Rücken des Insekts streuen. Wenn sich die Biene dann langsam rückwärts verabschiedet, kehren diese Staubgefäße wieder in die löffelförmige «Oberlippe», die sie beschützt, zurück. Das gleiche passiert, wenn man ein Zweiglein in die Blüte einführt, wobei schöne Aufnahmen gelingen können. Diese Blüte hat also gleichsam einen automatischen «Pollenverteiler» entwickelt, der perfekt funktioniert.

Manche Blumen produzieren aber überhaupt keinen Nektar. Sie müssen die Insekten mit anderen Mitteln anlocken. Orchideen wie die Catasetum-Arten zeigen sich in dieser Hinsicht sehr erfinderisch. Gestalt und Duft ihrer Blüte, die sehr stark an eine Biene erinnern, locken die Drohnen an, die bei dem Versuch, sich zu paaren, unfehlbar mit einem Pollenpaket beladen werden, bevor sie die Täuschung merken.

Frucht des Gelben Grindkrauts, auch Gelbe Skabiose genannt (Scabiosa ochroleuca) [6x]. Der gewölbte Fruchtstand dieser Blume enthält etwa zehn winzige aneinandergeklebte Samen. Die Samen sind mit einer zierlichen Krone und fünf langen Geißeln versehen, die als Fallschirme dienen. Dieses Flugorgan begünstigt die Verbreitung des gelben Grindkrauts, denn der Wind kann die reifen Samen weit forttragen.

Abbildungsmaßstab: 2:1. Makroobjektiv 55 mm in Retro-Stellung am Balgengerät. Blende: 16–22. Belichtung: Elektronenblitz.

Die bestäubenden Insekten ...

Es ist praktisch unmöglich, allgemeine Hinweise zu geben, die dem Fotografen bei der Suche nach bestäubenden Insekten nützen würden. Wir können nur empfehlen, eine Zeitlang in einer Gegend zu verweilen und Zeit und Ort des Auftauchens dieser Insekten genau zu notieren.

Selbst einen Garten kann man zu diesem Zweck ganz genau einteilen. Jeder Winkel hat seinen besonderen Reiz, der ein Insekt nur jeweils wenige Stunden pro Tag anzieht. Jedes Insekt bewegt sich nämlich in einem ihm eigenen Universum und reagiert unterschiedlich auf die Art des ihm angebotenen Mikroklimas. Für diese kleinen Tiere stellen geringfügige Veränderungen von Wärme, Feuchtigkeit und Helligkeit von einem Meter zum anderen sehr bedeutende Unterschiede dar. Den Biologen ist es sogar gelungen, innerhalb einer Blüte deren besonderes Mikroklima festzustellen.

Verfügt man über die obengenannten Notizen, so braucht man nur auf die Uhr zu schauen und zur festgesetzten Zeit an Ort und Stelle zu sein. Die Insekten sind immer pünktlich, es sei denn, das Wetter hat sich geändert.

Das Fliegen fällt nicht allen bestäubenden Insekten leicht. Einige von ihnen zeigen dabei sogar eine ausgesprochene Ungeschicklichkeit, wie der

wunderschöne Rosenkäfer (Cetonia aurata) mit seinem glänzenden, metallisierenden grünen Panzer. Der Rosenkäfer hat einen recht einfachen Geschmack: Er mag nur Pollen, die er mit Hilfe seiner starken Kiefer gierig verschlingt, ohne dabei auf das zarte Blütengefüge, in dem er sich träge herumwälzt, die geringste Rücksicht zu nehmen. Seine Trägheit überwindet er jedoch, sobald der Fotograf ihm zu nahe kommt, und fliegt mit scharf schnarrendem Surren davon.

Fliegen, Hummeln und Bienen haben vornehmere Manieren und sind fluggewandter. Um Nahrung zu sammeln, verfügen sie aber auch über geeignetere Mundwerkzeuge. Mit ihrem langen gelenkigen Mundwerkzeug, das leckend und saugend wirkt, kann die Fliege z. B. in tiefe Blüten eindringen, um den Nektar zu ertasten. Die Bienen und Hummeln können mit ihren biegsamen Saugrüsseln den Grund eines Blumenkelchs ebenfalls sehr leicht erforschen.

Die Bienen sind zweifellos am besten ausgestattet, um Blüten zu bestäuben. Sie können miteinander kommunizieren und somit Mitteilungen weitergeben, wo ertragreiche Blüten zu finden sind – die dann im Nu umschwärmt werden. Sie verfügen auch über einen ausgesprochen ausgeprägten Zeitsinn, der es ihnen ermöglicht, Blüten, die ihren Nektar nur zu

Streifenwanze (Graphosoma lineatum) [0,8x]. Diese winzige blutrot gefärbte Wanze ernährt sich vom Saft der Doldengewächse. Auf dem Bild oben sucht sie gerade eine günstige Stelle, um ihren Rüssel einstechen zu können.

Brennweite: 105 mm.
Aufnahmeabstand: 1 m.
Blende: 5,6.
Beleuchtung: Tageslicht, durch das Laub der Doldengewächse.

Frucht des Gauchheils (Anagallis arvensis) [11 x]. Die reifen Samen schnellen aus dem oberen Teil der Frucht. Abbildungsmaßstab: 3:1. Makropbjektiv Luminar 100 mm. Blende: 11–16. Beleuchtung: Blitz.

Rechts: Frucht eines Storchenschnabelgewächses (Geraniaceae) [11 x]. Die Fruchtblätter sind sehr lang und tragen am Grunde je 2 Samenanlagen. Durch einen Bewegungsvorgang können die beiden Samen von der Pflanze weggeschleudert werden. Abbildungsmaßstab: 1,4:1. Makroobjektiv 55 mm. Blende: 22. Beleuchtung: Blitz.

bestimmten Stunden absondern, pünktlich zu besuchen. Schließlich können sie dank ihrer «Hosen» – auch «Körbchen» genannt – an den Hinterbeinen die gesammelten Pollen in Form großer gelber Ballen leicht bis zum Bienenstock befördern.

Schmetterlinge mit ihrem langen rohrförmigen Rüssel gelten als Feinschmecker unter den Insekten. An heißen Tagen kann man beobachten, wie sie sich mit Vorliebe um winzige Wasserpfützen am Boden versammeln. So z. B. die Bläulinge (Lycaenidae), die sehr gerne in Gemeinschaft leben. Schmetterlinge sind manchmal seltsame Feinschmecker; man findet sie nicht immer unbedingt in wohlriechenden Gegenden, sondern sie flattern auch sehr oft massenweise um Misthaufen herum, ja sogar die majestätischen unter ihnen, der Große Schillerfalter (Apatura iris), scheut sich nicht, um Kuhfladen herumzuschwärmen.

... und wie man sie fotografiert

Bestäubende Insekten stellen den Fotografen vor ganz besondere Probleme. Ihre auffallende Scheu läßt den Amateur oft auf solche Aufnahmen verzichten. Die Schwierigkeiten können jedoch überwunden werden, wenn man sich schon sehr früh am Morgen, noch bevor es heiß wird, auf die «Jagd» begibt. Die ersten Insekten, denen man begegnet, legen zu dieser frühen Stunde noch eine gewisse Trägheit an den Tag; ihre Glieder sind noch steif, ihre Bewegungen langsam. Die Insekten sind nämlich wechselwarme Tiere. Ihr Organismus ist unfähig, eine konstante Temperatur zu halten, und macht sie abhängig von der Temperatur der Umgebung. Am frühen Morgen, wenn die Sonne die Luft noch nicht genug erwärmt hat, können sie sich nur sehr träge bewegen; die Flügelschläge sind noch unsicher und langsam. Die farbenschillernden Flekken auf den Flügeln, alles andere als nutzlose Verzierungen, spielen eine wichtige Rolle beim Aufwärmen. Je nach Farbe absorbieren diese Flecken die Wärme der Sonnenstrahlen und beschleunigen somit den Kreislauf des beschienenen Insekts. Deswegen breiten viele Schmetterlinge auch in Ruhelage ihre Flügel aus. Wenn der Himmel bewölkt ist, wenn das Wetter kühl bleibt, legen sie diese Trägheit gezwungenermaßen an den Tag – zur Freude des Fotografen.

Wie soll man nun bestäubende Insekten fotografieren, wenn diese an einem sonnigen Nachmittag rastlos hin- und herschwirren? Hier kommt dem Fotografen zugute, daß sich diese Tiere während ihrer lebenswichtigen Tätigkeit, der Nahrungsaufnahme, nicht so leicht stören lassen.

Wenn der Schmetterling seinen spiralförmigen Rüssel entrollt hat, um den Nektar aufzusaugen, vergißt er seine angeborene Scheu für einen Augenblick. Der Besuch bei einer Blüte dauert aber leider nur wenige Sekunden, und der Fotograf kann diese Zeit kaum nutzen, weil sie für das Einstellen seiner Apparaturen viel zu kurz ist. Es besteht natürlich die Möglichkeit, der Natur ein wenig nachzuhelfen, indem man auf den Grund des Blütenkelches Honigtröpfchen gibt: Der Aufenthalt des nächsten Schmetterlings wird dadurch erheblich verlängert.

Wenn man sich nähert, muß man vermeiden, Schatten auf das Insekt zu werfen. Die plötzliche Änderung des Lichts und der Wärme führt jedesmal zur Flucht des Tieres. Deswegen muß man unbedingt mit Seitenlicht oder – warum eigentlich nicht? – mit Gegenlicht arbeiten. Diese Beleuchtung bewirkt nämlich oft noch schönere Aufnahmen.

Weiß man über das Verhalten der Insekten in etwa Bescheid, so kann man sich auch auf die Lauer legen und z. B. eine Blume aussuchen, deren reiche Nektarquelle viele Insekten anlockt. Dabei hat man dann Ausschnitt und Schärfeeinstellung schon vorher festgelegt. Es empfiehlt sich, mit einem Stativ zu arbeiten, da die lange Wartezeit Krämpfe verursachen kann . . . Ein kleines Teleobjektiv ist von Vorteil, da sich die Insekten nur mißtrauisch nähern, wenn man sich direkt am «Ziel ihrer Wünsche» aufhält. Möchte man die Anziehungskraft der Blume erhalten, vermeidet man also, ihr zu nahe zu kommen.

Wir müssen uns außerdem fragen, wie das Insekt seine Umgebung und den sich nähernden Fotografen wahrnimmt. Die Facettenaugen der Insekten sind für die Menschen noch ziemlich reich an ungelösten Rätseln. Sie bestehen aus Tausenden winzigen nebeneinander liegenden Einzelaugen, von denen man nur die facettierte Oberfläche sieht. Sie können scheinbar keine präzisen Abbildungen liefern (und dies um so weniger, je kleiner die Zahl dieser Einzelelemente ist). Ende des XIX. Jahrhunderts fotografierte der Wissenschaftler Professor Exner ein Motiv mit dem Netzauge eines Glühwürmchen als Objektiv. Die erhaltene Aufnahme erwies sich als hundert Mal verschwommener als dieselbe Abbildung durch ein menschliches Auge. Nun weiß man halt leider nicht genau, wie das Gehirn eines Insekts diese verschwommene Abbildung interpretiert. Versuche haben aber gezeigt, daß die Struktur und das Funktionieren des Netzauges eine sehr präzise Einschätzung der Entfernungen und Bewegungen gestattet.

Alle blütenbestäubenden Insekten scheinen imstande zu sein, Farben zu unterscheiden, was nicht für alle Insekten zutrifft. Etliche Insekten, wie die Bienen, sehen zwar Rot nicht, nehmen

Links: Hummelschwebfliege [7x]. Mit ihrem Rüssel saugt sie Nektar aus den Blüten.

Abbildungsmaßstab: 1:1.
Blende: 22. Bleuchtung: Blitz.

Biene beim Nektarsammeln an der Blüte des wilden Salbeis [4x]. In der Blüte berührt sie mit dem Rüssel die Staubgefäße; Pollen bleiben in den Rückenhaaren hängen (oben). Der durch das Gewicht der Biene vorgedrückte Stempel der nächsten Blüte streift über den Rücken und nimmt einige der Pollen auf (unten): Die Befruchtung der Salbeiblüte ist gewährleistet.

Abbildungsmaßstab: 1,2:1.
Makroobjektiv 55 mm.
Blende: 22–32. Bleuchtung: Blitz.

aber ultraviolette Strahlen, die für den Menschen unsichtbar sind, wahr. Ihr Farbsehvermögen ist dadurch ganz anders als unseres. Rote Blumen (deren Rot keine Blauanteile enthält) werden deshalb von einer Biene nie besucht. Bienen unterscheiden auch nicht zwischen Rot und Schwarz, es sei denn, sie reflektieren wie die Mohnblume Ultraviolett. Dieselbe Biene unterscheidet dagegen eine ganze Reihe von Nuancen bei blauen und violetten Blumen, die Ultraviolett unterschiedlich wiederspiegeln. Die Insekten besitzen ferner Sinne, über welche der Mensch nicht verfügt. Dank ihrer Fühler und der Tausende winziger Haare, die ihren Körper bedecken, können sie z. B. den leichtesten Luftzug spüren. Eine Fliege startet sofort, wenn man die Hand in ihrer Nähe bewegt, sie rührt sich aber nicht, wenn man denselben

Annäherungsverusch hinter einer Fensterscheibe macht.

Viele Augenblicke im Leben der bestäubenden Insekten sind eine Aufnahme wert! Die Schmetterlinge fangen ihren Paarungsflug mit einem Spiel an, wobei Verfolgung und Paraden sich abwechseln. Das Weibchen lockt das Männchen an, indem es ein Werbeverhalten zeigt. Mit gesenkten Flügeln und nach oben gebogenem Abdomen verbreitet es mit dem Wind seinen subtilen Duft, der das Männchen in Erregung bringt.

Während der Paarung bleiben die Partner miteinander entgegengestreckter Kehrseite verbunden. So aneinandergekoppelt, können sie trotzdem fliegen und ihren Flug anscheinend genauso kontrollieren wie allein.

Raupen stellen auch eine spannende Episode im Leben der Insekten dar,

Distelfalter (Vanessa cardui) [4x] beim Besuch einer Kratzdistel (Cirsium canum). Um möglichst viel Sonnenwärme aufzunehmen, spannt er seine Flügel aus.
Der Saugrüssel der Schmetterlinge ist ein sehr raffiniert gebautes Organ. In Ruhestellung befindet er sich zur Spirale zusammengerollt hinter zwei behaarten Schutzschirmen. Auf unserem Bild sieht man diese Schirme direkt unter den Fühlern wie ein Horn hervorstehen. Kaum auf einer Blume gelandet, bemerkt der Schmetterling sofort, ob es sich um eine lohnende Nektarquelle handelt: Diese Information vermittelt ihm sein Geschmacksinnorgan an der Unterseite der Beine. Dieses Organ reagiert sehr empfindlich auf zuckerhaltige Substanzen (ca. 200mal so empfindlich wie die menschliche Zunge). Wenn der Schmetterling den Nektar aufgespürt hat, kontraktieren sich die schrägliegenden Muskeln des Rüssels, der sich dadurch entrollt. Die gebogene Gestalt des Saugrüssels ermöglicht dem Falter bis an den Grund der Blüte zu gelangen, ohne den Körper zu bewegen.

Abbildungsmaßstab: 1:2,5.
Makroobjektiv 55 mm.
Blende: 4.
Belichtungszeit: 1/125 s.
Beleuchtung: Tageslicht, Sonnenschein nach einem Regenschauer.

und es lohnt sich, sie zu sammeln und aufzuzüchten, um dem wunderbaren Phänomen des Schlüpfens aus der Puppe beizuwohnen.

Was alles kreucht und fleucht

Unter den schillernden Blumen, über deren Kronen die bestäubenden Insekten hin- und herschwärmen, erstreckt sich ein noch geheimnisvolleres Reich: von den Gräsern beherrscht und von Tausenden wimmelnden Tierchen bewohnt.

Um in dieses Reich einzudringen, muß man allerdings in die Knie gehen und schon genau hinschauen. Vom Geflecht der Gräser gleichsam gefiltert, erhellt ein trübes Licht eine geräuschlose Welt, einen endlosen Dschungel, wo Tausende bunter Tiere weilen. Wir wollen diese kleinen Lebewesen beschreiben, aber nicht nach einer wissenschaftlichen Klassifizierung, sondern einfach nach dem Verhalten dieser Tierchen.

Die Springer

Mitten im Sommer sind Grillen und Heuschrecken am häufigsten auf den Wiesen. Mit jedem Schritt scheuchen wir Dutzende von ihnen auf. Grillen und Heuschrecken unterscheiden sich durch die Länge ihrer Fühler. Bei den Grillen sind sie kurz und steif, bei den Heuschrecken hingegen biegsam und so lang wie der ganze übrige Körper.

Wie kräftig die Mundwerkzeuge der Heuschrecken sein können, werden Sie sehr schnell merken, wenn Sie z. B. ein Großes Grünes Heupferd (Tettigonia viridissima) in der Hand halten. Um sich zu befreien, versucht es, Sie in die Finger zu beißen, indem es mit seinen zwei starken Mandibeln (Oberkiefern) in die Luft schnappt. Wenn es ihm gelingt, Ihre Haut zu kneifen, werden Sie merken, wie scharf diese Zähne sind. Ferner tragen die Weibchen bei Schrecken und Grillen (mit Ausnahme die Kurzfühlerschrecken) einen langen scharfen Degen am Hinterleib. Dieses imponierende Werkzeug, der Legestachel, ist aber im Grunde völlig harmlos, da es nämlich nur als Stütze bei der Eiablage fungiert. Das Weibchen steckt dieses Werkzeug, den Ovipositor, wie man diesen Legestachel wissenschaftlich nennt, senkrecht in den Boden. Mit seiner Hilfe bohrt es die Eier tief in die Erde, wo sie die für ihre Entwicklung notwendigen Temperatur- und Feuchtigkeitsbedingungen vorfinden.

All diese hüpfenden Insekten sind für den Fotografen ziemlich schwierige Motive. Wer aber Tonaufnahmen machen will, dem bieten sie traumhafte Möglichkeiten. Das Zirpen der Grillen und Laubheuschrecken z. B. wird durch Aneinanderreiben der Flügel erzeugt, während der Gesang der Feldheuschrecken durch Aneinanderreiben der Hinterschenkel an den Flügeladern hervorgebracht wird. Jede Art hat ihren eigenen Gesang, der sich von anderen durch Intensität und Rhythmus unterscheidet. Versuche haben sogar gezeigt, daß jede Art eine ganze Reihe verschiedener Melodien zur Verfügung hat: Spontan- oder Liebesgesang, Kampfgesang der Männchen oder Siegesgesang, die man in endlosen Dialogen hören kann. Diese «Musiker» sind ferner in der Lage, die Leistungen ihrer Artgenossen wahrzunehmen. Sie verfügen dafür über ein sehr empfindliches Gehör. Das Gehörorgan befindet sich allerdings an einer seltsamen Stelle: Bei den Laubheuschrecken, die zu den Langfühlerschrecken gehören, an den Schienen der Vorderbeine nahe dem Knie; am ersten Hinterleibsring bei den Kurzfühlerschrecken. Die Gehörorgane bei Langfühlerschrecken sind sogar für Ultraschall empfänglich.

Heuschrecken sind eben nicht die einzigen springenden Tiere, die wir im Gras antreffen können. Viele von Ihnen, liebe Leser, haben bestimmt schon einmal bei einem Spaziergang einen dicken Frosch gesehen, nämlich den Grasfrosch (Rana temporaria). Wie alle Amphibien braucht dieses Tier, obwohl es auf festem Boden lebt, einen feuchten Platz, um leben zu kön-

Mikroskopaufnahme der Schuppe eines Schmetterlingflügels [150x].

Rechts: gepaarte Baumweißlinge (Aporia cartaegi) [3x]. Während der Paarung suchen diese Schmetterlinge ein Obdach zwischen hohen Gräsern, wo sie mehrere Stunden in engem Körperkontakt verbringen. Stört man sie, entfliehen sie im Nu, wobei das Männchen als Flugpilot seine Partnerin weiter festhält.

Abbildungsmaßstab: 1:2,5.
Blende: 5,6.
Belichtungszeit: 1/60 s.
Beleuchtung: Tageslicht bei bewölktem Himmel.

Großes Grünes Heupferd (Tettigonia viridissima) [3x], versteckt zwischen den Blättern eines Pfaffenhütleins (Euonymus europaea). Wenn man ihm zu nahe kommt, bewegt es sich langsam rückwärts, um sich hinter dem Zweig zu verstecken.

Abbildungsmaßstab: 1:2.
Makroobjektiv 55 m.
Blende: 3,5.
Belichtungszeit: 1/60 s.
Beleuchtung: Tageslicht bei sehr bewölktem Himmel.
Film: Kodachrome 64.

nen. Deswegen hält es sich bei heißem Wetter immer in feuchten, schattigen Gegenden auf, die an das Wasser seines Geburtsortes erinnern.

Blattläuse, Käfer und Zikaden

Die meisten Grasbewohner zeigen sich in ihren Bewegungen viel zurückhaltender als die impulsiven Heuschrekken. Kriechend bewegen sie sich geräuschlos und vorsichtig durch die Pflanzen. Der geringste Alarm kann sie versteinern oder in die Flucht jagen. Die niedrigen Pflanzen beherbergen Tausende von diesen kleinen Tieren und bieten ihnen gleichzeitig reichlich zu fressen.

Manche von diesen Geschöpfen, wie die winzigen Blattläuse (Aphidina), richten aber erheblichen Schaden bei ihren Wirten an. Die Blattläuse, die zur Ordnung der Pflanzenansauger gehören und somit mit den Zikaden verwandt sind, leben in großen, dichten Kolonien auf den Stengeln der Pflanzen, die sie mit einer lebenden Hülle umgeben. Wenn man sie aus der Nähe beobachtet, sieht man, daß sie so fest an der Pflanze kleben, daß man glauben könnte, ihre Saugrüssel würden für immer und ewig im pflanzlichen Gewebe verankert sein und sie zur Unbeweglichkeit verurteilen. In dem Moment aber, in dem jemand die Pflanze schüttelt, gerät die ganze Kolonie in Panik. Jede Blattlaus beeilt sich, den letzten Schluck Saft aufzusaugen, den Rüssel herauszuziehen und einen anderen Unterschlupf zu finden, wo sie sich unbehelligt weiter vollpfropft.

Blattläuse sind z. T. lebendgebärend und im Sommer kann man oft beobachten, wie winzige Jungläuse inmitten dieser fest aneinanderliegenden Insekten geboren werden, zumal die Kolonie während dieser Jahreszeit nur aus Weibchen besteht. Die Blattläuse vermehren sich nämlich über mehrere Generationen parthenogenetisch, d. h. ohne Befruchtung. Eine Generation folgt der anderen in rasendem Tempo, da die Keime der nächsten Generation schon vor der Geburt im Leib der Jungen vorhanden sind. Die Blattläuse vermehren sich dann praktisch nach dem System der russischen Puppen. Weiß man, daß ein Weibchen mehr als zwölf Junge pro Tag werfen kann, wundert man sich nicht mehr, daß die Blattläuse so zahlreich sind.

Tieren begegnet man im allgemeinen immer in der Nähe ihrer Nahrungsquelle. Hat man Blattläuse entdeckt, so wird man auch gleich Marienkäfer (Coccinellidae) finden.

Die Marienkäfer, deren meiste Arten sich von Schild- und Blattläusen ernähren, bieten der galoppierenden Vermehrung dieser Pflanzenparasiten Einhalt. Die Blattläuse sind nämlich eine echte Plage für den Menschen, der bei ihrer Bekämpfung den Marienkäfer als Bundesgenossen schätzt. Während des zweiten Weltkrieges wurden Marienkäfer von amerikanischen Farmern literweise gekauft. Um den Mangel an chemischen Insektiziden zu kompensieren, verteilten sie auf ihre Obstbäume manchmal bis zu zweiundzwanzig Liter Marienkäfer, das entspricht fünfzigtausend Tierchen. Damals Behelfsmittel, werden die Ma-

Schwalbenschwanz (Papilio machaon) [2x]. Der Schwalbenschwanz ist einer der größten und auffallendsten Tagfalter Europas. Angelockt durch den rotorangen Mondfleck am Hinterflügel des Falters stürzen manche Vögel auf ihn los. Aber wenn sie diesen Fleck mit ihren Schnäbeln auch erwischen, so bleiben die lebenswichtigen Partien doch geschont.

Abbildungsmaßstab: 1 : 2.
Blende: 4–5,6.
Bleichtungszeit: 1/125 s.
Arbeitszeit: August gegen 19 Uhr. Auf einer Hochebene genießt der Schmetterling die letzten Sonnenstrahlen, die auf seine Flügel fallen.
Film: Kodachrome 25.

rienkäfer heute als ein ideales Bekämpfungsmittel angesehen.

Manche Tiere, die auf Pflanzen leben, gebrauchen ganz seltsame Tricks, um sich den Blicken und Angriffen ihrer Feinde zu entziehen. Im Frühling sieht man sehr oft Schaumbällchen an Gräsern hängen, die man gewöhnlich «Kuckucksspeichel» nennt. Dieser seltsam anmutende Name gibt uns aber keine Auskunft über die Entstehung dieser Schaumbällchen. Dafür müssen wir schon eine kleine hellgrüne Larve aus dem Schaum herausholen. Es handelt sich um die Larve der Weidenschaumzikade (Aphrophora salicina). Mit ihrem langen scharfen Rüssel saugt diese Larve Pflanzensäfte und sondert den Überschuß, den sie mit Körpersekret aus dem Hinterleib zu Schaum aufbläst, ab. Diese zarte, ständig erneuerte Hülle verbirgt sie vor Insektenfressern. Wenn einer von ihnen dennoch versucht, sie anzugreifen, klebt er zwangsläufig an dem pappigen Gebilde fest.

Andere kleine Insekten suchen ihre Nahrung direkt am Boden. Die Herden, die auf den Wiesen weiden, lassen oft «vorzügliche Speise» hinter sich, die Insekten sehr schnell anlockt. So gilt z. B. der Kuhmist für manche Insekten als echte Delikatesse. Diese «Feinschmecker» nennt man Mist- oder Dungkäfer. Sie gehören zur Familie der Blatthörnkäfer (Scarabeidae). Der Bekannteste unter ihnen, der Heilige Pillendreher, ist eine seltene Art aus den wärmeren Ländern des Mittelmeerraumes. Dieser von den Ägyptern als Ewigkeitssymbol verehrte Käfer wurde von diesem Volk und auch von manch anderen (Phöniziern, Etruskern und Römern) häufig als Dekorationsmotiv verwendet. Im Sommer hat man manchmal das Glück, ihn beobachten zu können, beschäftigt mit einem Kothaufen, den er mit seinen sensiblen Fühlern aufgespürt hat und den er vorsichtig knetet, bis er zu einer leicht transportierbaren Nahrungskugel wird, die er bis zu seiner unterirdischen Behausung hinwälzt. Dieser Käfer hat im Grunde genommen das Rad erfunden: Die Krallen seiner Hinterbeine, zwischen denen die Kugel gepackt wird, dienen sozusagen als Rotationsachse. Gestützt auf die Vorderbeine läuft der Käfer dann rückwärts mit beträchtlicher Geschwindigkeit. Sicher wirkt das Ganze oft wackelig, seine Ausdauer ermöglicht dem Käfer aber, die Schwierigkeiten, die ihm den Weg versperren, zu überwinden. Neben den Insekten dürfen wir die Kriechtiere (Reptilien) nicht vergessen. Begibt man sich bei lauem Wetter in feuchte Gegenden, so begegnet man der Blindschleiche (Anguis fragilis). Obwohl es keine Beine hat, gehört dieses Tier nicht zu den Schlangen, sondern zu den Echsen. Skelett und Schädelbau, Beschuppung und das Vorhandensein von Augenlidern sind für den Wissenschaftler entscheidende Gründe, es dieser Gruppe zuzuordnen. Wie eine Eidechse kann

Blattlauskolonie (Unterordnung Aphidina) auf einem Rosenstockhalm [2,5x]. Im Sommer gebären die Weibchen ohne Befruchtung (Parthenogenesis) neue Weibchen, die ihrerseits auch wieder Weibchen erzeugen, den ganzen Sommer lang.

Abbildungsmaßstab: 1 : 1.
Makroobjektiv 55 mm und Zwischenring.
Blende: 22.
Beleuchtung: Elektronenblitz.

die Blindschleiche ihren Schwanz abstoßen, um Gefahren zu entfliehen. Daher rührt auch der Name, den die Franzosen ihr gegeben haben: «Glas-Schlange». Blindschleichen gebären lebende Junge, sie sind ovovivipar, das heißt, daß die Jungen sich im Mutterleib entwickeln und erst unmittelbar vor der Geburt aus den Eihüllen schlüpfen. Die Nahrung dieses Tieres bilden hauptsächlich Lungenschnekken (Pulmonata), Würmer und kleine Gliedertiere. Für den Menschen ist sie völlig ungefährlich.

Die Unbeweglichen

Einige Bewohner der Wiesen sind zwischen dem Geflecht der Gräser recht gut versteckt. Bewegungslos lassen sie sich mit der Pflanze, auf der sie sitzen, im Winde wiegen, völlig unsichtbar für den Fotografen und für ihre Beutetiere, die sich in ihre Nähe begeben, ohne die Gefahr zu ahnen. Die Gottesanbeterin (Mantis religiosa) hat den wohl außergewöhnlichsten Körperbau. Sie hat einen solchen Eindruck auf die Menschen gemacht, daß allerlei Fabeln über sie entstanden: Bald unheilvolle Teufelskreatur, bald himmlischer Bote (eine Sage erzählt, daß sie mit ihren Beinen auf die Richtung hinweist, die verlorene Söhne wieder nach Hause führt). In Südfrankreich, wo die Gottesanbeterin häufig vorkommt, nennt man sie «Pregadiou», d. h. Betpult, weil sie die Vorderbeine übereinanderfaltet, als wollte die beten.

Die Gottesanbeterin, die sich von

Blattlaus [31x]. Auf unserem Bild zapft die Blattlaus eine Distel an und saugt den Pflanzensaft in sich hinein.

Abbildunsmaßstab: 4,2:1.
Makroobjektiv in Retro-Stellung und Balgengerät.
Blende: 22–32.
Beleuchtung: Elektronenblitz.

Unten: Springfrosch (Rana dalmatina) [1,8x]. Diesen in feuchten Gräsern versteckten Frosch haben wir dank eines Teleobjektiv frontal aufnehmen können, ohne ihn in die Flucht zu jagen.

Abbildungsmaßstab: 1:2,85.
Objektiv 105 mm und Zwischenring.
Blende: 4.
Belichtungszeit: 1/125 s.
Beleuchtung: Tageslicht bei stark bewölktem Himmel und Nieselregen.

Rechts: Larve einer Schaumzikade (Cecropidae) [15x]. Um sich gegen Angreifer zu schützen, bildet diese Larve eine Hülle aus Schaum auch Kuckucksspeichel genannt, in die sie sich hüllt.

Abbildungsmaßstab: 2:1.
Makroobjektiv 55 mm in Retro-Stellung und Balgengerät.
Blende: 16–22.
Beleuchtung: Elektronenblitz.

anderen Insekten ernährt, nimmt aber diese Haltung nur ein, wenn sie auf ihre Beute lauert. Mit einem Schlag packt sie das Opfer mit ihren beiden Vorderbeinen. In der Regel werden die Nervenzentren der Beute zuerst gefressen, was ihr ermöglicht, den Rest der Beute ohne lästige Abwehrzuckungen zu verschlingen.

Für den Fotografen bildet die Gottesanbeterin ein Traummotiv. Wir kennen kein anderes Insekt, dessen Gesicht so ausdrucksvoll ist. Dank ihres gelenkigen Halses kann sie den Kopf in alle Richtungen drehen. Ihre Fangbeine bieten dem Fotografen Tausende Haltungen zur Auswahl. Zwischen dem Fotografen und seinem «Modell» ist sogar eine amüsante Zwiesprache möglich: Mit seitlich gebeugtem Kopf, als ob sie eine Frage stellen möchte, verfolgt sie jede Bewegung des Auges, das sie durch das Objektiv hindurch wahrgenommen hat. Manchmal treibt sie ihre neugierige Frechheit sogar soweit, daß sie nach einigem Zögern auf das Objektiv klettert.

Vor großen Tieren – z. B. vor einem Großen Grünen Heupferd (Tettigonia viridissima) – gibt sich die Gottesanbeterin einem Spiel hin, das nur dazu dient, den Feind zu «versteinern». Sie nimmt ihre Einschüchterungshaltung ein: Ihre Flügel streckt sie wie einen majestätischen Umhang aus, ihre Beine spreizt sie weit auseinander, um ihre runden Körperzeichnungen zur Schau zu stellen. Dann beugt sie ihr zitterndes Abdomen nach oben und knarrt mit den Flügeln, indem sie sie aneinander reibt. Wenn die «Sitzung» mit dem Fotografen zu lange dauert, verpaßt die Gottesanbeterin keine Gelegenheit, ihr Ungeduld auf dieselbe Weise zu zeigen. Ende Juli kann man schon mit den ersten erwachsenen Gottesanbeterinnen rechnen. Das Männchen unterscheidet sich vom Weibchen durch eine zierlichere Gestalt und extrem lange Fühler. Hat man ein «schwangeres» Weibchen gefangen (das Abdomen ist dann angeschwollen wie ein Ei), kann man Ende September dem Eierlegen beiwohnen. Die Gottesanbeterin sondert auf ei-

Links: Gottesanbeterin (Mantis religiosa [12x] auf der Lauer. Reglos wartet sie mit zusammengelegten Vorderbeinen, bis die Beute vorbeikommt. Dann packen diese taschenmesserartig einklappbaren, mit zwei Zahnreihen versehenen Greiffüße unvermittelt zu. Die Gottesanbeterin kann nur auf Sicht jagen, weil die optimale Sehschärfe vom Zentrum der Augen nach außen hin abnimmt. Wenn sie richtig zielen will, muß sie folglich den Kopf etwas drehen, um die Beute deutlich zu sehen.

Rechts: Die Gottesanbeterin bei der Pediküre. Dabei pflegt sie ihr wichtigstes Werkzeug sorgfältig bis in die kleinste Einzelheit.

Abbildungsmaßstab: 1,6:1.
Makroobjektiv 55 mm in Retro-Stellung und Balgengerät.
Blende: 16–22.
Beleuchtung: Elektronenblitz.

Regenbremse (Haematopota pluvialis) [20x]. Die leuchtenden Farben ihrer Augen rühren nicht etwa von Pigmenten her, sondern entstehen durch die Beschaffenheit der Oberfläche des Auges selbst, welche aus Hunderten von transparenten Einzelaugen zusammengesetzt ist.

Abbildungsmaßstab: 6,5:1.
Makroobjektiv 25 mm Photar und Balgengerät.
Blende: 11.
Beleuchtung: zwei Elektronenblitze links und rechts des Kopfes.

nem Zweig oder in einem Baumspalt eine weiße Paste ab, die an der Luft erhärtet. Dieses helle Klümpchen enthält ein Eipaket von 150 bis 300 Eiern. Im Frühling kriechen dann winzige Geschöpfe heraus, die sich nur dadurch von den Eltern unterscheiden, daß sie noch keine Flügel haben.

Die Seiltänzer

Andere Grasbewohner verbringen ihr ganzes Leben hängend zwischen zwei Grasbüscheln, wo sie sich ein zartes Netz gewebt haben: die Spinnen. Will man ihre Bauwerke in ihrer vollen Prachtentfaltung bewundern, so muß man sich sehr früh am Morgen auf den Weg machen. Zu dieser frühen Stunde ist das Gewebe noch mit Tausenden

Tauperlen übersät, die sich mit den ersten Sonnenstrahlen in Dunst auflösen. Die feine Webarbeit hebt sich dann nur noch schwach vom Hintergrund ab. Um diesen Nachteil aus dem Wege zu räumen, gibt es jedoch ein Mittel, nämlich die Fäden des Netzes mit «künstlichem Tau», d. h. mit Wasser, zu besprühen.

Die Spinne sitzt meist in der Mitte ihres Netzes, wo sie auf eventuelle Beuten wartet. Gestört vom Fotografen, flüchtet sie sofort in Deckung, kehrt aber bald wieder auf ihren Posten zurück. Benutzt man ein Stativ und hat man schon im voraus den Ausschnitt gewählt und die Schärfe eingestellt, dann ist es leicht, sie aufzunehmen: Der Platz, auf den sie zurückkehren wird, ist voraussehbar! Manchmal bleibt aber das Netz völlig leer; die Spinne hat sich dieses Mal ein Versteck im nächstliegenden Grasbüschel aufgesucht. Sie hat aber dafür gesorgt, mit dem Zentrum ihres Fangnetzes in Verbindung zu bleiben, und zwar durch einen «Signalfaden». Berührt man ein paar Mal ganz kurz das Spinngewebe,

erscheint sie sogleich, überzeugt, daß eine Beute zappelnd im Netz hängt.

Oft fungiert der Fotograf als Insektentreiber, indem er, ohne es zu ahnen, eine Menge Heuschrecken in die Flucht jagt. So ist es nicht verwunderlich, wenn er in der Spinnenwebe die Jägerin mit Beute beschäftigt antrifft. Das Fangnetz hat dem fliehenden Tier den Weg versperrt. Eingesponnen in den dünnen klebrigen Fangfäden versucht es sich durch ruckartige Bewegungen zu befreien; die Spinne stürzt sich dann auf ihre Beute und schleudert aus ihren Spinndrüsen ein ganzes Paket von seidenen Fäden auf sie. Einmal eingeschnürt in dieser seidenen Zwangsjacke wird das unglückliche Insekt dann ganz schnell durch das Spinnetz gerollt und von der Spinne an einem Außenfaden ihres Netzes aufgehängt – Proviant für Notzeiten! Wenn die Beute gefährlich ist (z. B. eine Wespe), nimmt die Spinne ihre giftigen Greifklauen (Chelizeren) her, um das Tier zuerst zu betäuben, bevor sie es einwickelt.

Im September wimmelt es nur so von

Rinderbremse (Tabanus bovinus) [22x]. Diese Blutsauger zapfen das Vieh mit ihren scharfen Stechorganen an.

Abbildungsmaßstab: 3:1. Makroobjektiv 100 mm Luminar und Balgengerät. Beleuchtung: Zwei Blitzgeräte links und rechts des Motivs.

Raubspinne (Pisaura sp.) [6x]. Mit Hilfe ihrer Oberkiefer trägt sie einen runden Kokon mit sich, aus welchem Hunderte von kleinen Spinnen schlüpfen. Nach der Geburt werden die Jungen von ihrer Mutter etwa acht Tage behütet, bevor sie sich selbständig machen.

Abbildungsmaßstab: 1:1,11. Makroobjektiv 55 mm mit automatischem Zwischenring. Blende: 22. Beleuchtung: Elektronenblitz.

Kreuzspinnen (Aranea diademata), die sich durch die schönen Verzierungen ihrer Abdomen auszeichnen. Die dekorative Zebraspinne (Argiope bruenichii) mit dem schwarz und gelb gestreiften Hinterleib bewohnt vor allem die wärmsten Gegenden Südeuropas. Wie die Kreuzspinne setzt sie im Herbst ein Gelege ab, das sie mit einem raffinierten Kokon umhüllt. Den Legevorgang kann man aber nur beobachten, wenn man dem Tier die Freiheit geraubt hat. Der Legevorgang erschöpft das Weibchen so sehr, daß es kurz danach stirbt.

Tierleben in Mauerritzen und Felsspalten

Im Herbst, wenn die Blumen auf den Wiesen langsam verblühen, richten manche Insekten ihr Augenmerk auf die spaten Bluten der Efeugewächse. Die kleinen gelbgrünen Blütenstände dieser Pflanze locken Tausende von Insekten herbei, insbesondere allerlei Fliegen: Schwebfliegen (Syrphidae) und Hummelschwebfliegen (Volucella bombylans) schwärmen scharenweise um die alten Mauern oder schweben still in der Luft, wie die schöne gelbgestreifte Schlammfliege (Eristalis tenax).

Am Fuß der von der Sonne beschienenen Mauer kann man auf sandigem Boden manchmal kleine trichterförmige Löcher beobachten. Nimmt man diese winzigen Trichter unter die Lupe, so sieht man in ihrer Mitte zwei kleine gebogene Haken, die über die Erdoberfläche herausragen: Es sind die Kiefer des Ameisenlöwen (Myrmeleon formicarius), Larve der Ameisenjungfer. Die Ameise bildet die Leibspeise dieser Larve. Wenn eine Ameise in die Grube rutscht und der Gefahr zu entkommen versucht, schleudert der Ameisenlöwe mit seinem Kopf einen Sandregen auf die Beute, die von neuem in die Grube fällt. Dort wird sie mit kräftigen Kiefern gepackt und verspeist. Ein solcher Vorgang ist noch leichter zu fotografieren mit dem Ameisenlöwen im Terrarium.

Die Risse alter Mauern verbergen auch allerhand kleine Tiere. Spinnen

Spinne mit mächtigen Chelizeren [19x]. Auf der Stirn trägt sie eine Krone von acht kleinen schwarzen Augen. Ihre Klauen sind sehr lang, scharf und giftig. Sie klappen wie eine Messerklinge in eine mit Haaren eingefaßte Scheide.

Abbildungsmaßstab: 3:1.
Makroobjektiv 100 mm Luminar und Balgengerät.
Blende: 16.
Beleuchtung: Elektronenblitz.

Springspinne (Familie Salticidae) [32x]. Auf der Flucht setzt sich diese winzige Spinne durch Flohsprünge ab. Ihre sechs Augen liegen kreisförmig rund um den Kopf.

Abbildungsmaßstab: 5:1.
Makroobjektiv 25 mm Photar und Balgengerät.
Blende: 8.
Beleuchtung: Elektronenblitz.

der Gattung Segestria hausen in kleinen Löchern, die sie jeweils in einen seidenen Tunnel verwandelt haben, dessen Mündung sich durch strahlenförmig angeordnete Fäden fortsetzt. In Ihrem Versteck lauernd merkt die Spinne sofort, wenn ein Insekt an den hervorstehenden Fäden hängen geblieben ist, und springt im Nu heraus. Wenn man sich vorgenommen hat, sie mit Blitz aufzunehmen, muß man die starke reflektierende Wirkung ihres Netzes berücksichtigen – das gilt übrigens für alle seidenartigen Bauwerke wie z. B. Kokons – und leicht unterbelichten. Bis man diese scheue Spinne aus ihrem Versteck herausgelockt hat, muß man tausend Tricks anwenden . . .

Die Mauereidechse (Lacerta muralis) ist in alten Ruinen zu Hause, und da sie gerne in ihrer Behausung hockt, ist sie nur selten zu sehen. Hat man aber einmal eine Mauereidechse aufgespürt – meist an einem sonnigen Ort –, kann man sicher sein, daß man sie dort immer wieder antreffen wird, am selben Platz und zur gleichen Zeit. Die Eidechse kennt sich unwahrscheinlich gut aus in ihrem Wohngebiet. Sie weiß sofort, wo sie sich verstecken kann, wenn man sie stört. Ihre Nahrung besteht hauptsächlich aus Fliegen, die sie geschickt schnappt. Die Ehre, ihrem Mahle beizuwohnen, läßt sie uns gerne, wenn wir nur diskret genug bleiben.

Unter Steinen und Platten verber-

sie vor jeglicher Gefahr geschützt ungefähr eine Woche.

Verfilztes Unterholz und dichtstehendes Gebüsch sind die Schlupfwinkel zahlreicher Reptilienarten. Ihre Anwesenheit bemerkt man manchmal durch Schleifgeräusche, die sie bei ihren Wanderungen zwischen Zweigen und trockenen Blättern verursachen.

Die nervösen ruckartigen Bewegungen der Smaragdeidechse (Lacerta viridis) verursachen Geräusche, die man schon eher mit «Krawall» bezeichnen könnte; charakteristisch dabei sind auch die unregelmäßigen Pausen. Das Männchen hat während der Paarungszeit einen wunderschönen türkisfarbenen Hals. (Das Hauptverbreitungsgebiet dieser Eidechse ist Südeuropa; in Frankreich trifft man sie aber vereinzelt noch weiter nördlich.)

Harlekinspringspinne (Salticus scenicus) [25x]. Diese Spinne gehört zur Familie der Salticidae. Zur Paarungszeit nehmen Männchen wie Weibchen die seltsamsten Stellungen ein, um ihre Liebe zu erklären. Das Männchen steht dem Weibchen gegenüber und bewegt seine Vorderbeine auf und ab wie ein Semaphor.

Abbildungsmaßstab: 3,6:1.
Brennweite: 55 mm. Objektiv in Retro-Stellung und Balgengerät.
Blende: 22.
Beleuchtung: Elektronenblitz.

gen sich noch weitere Tiere, die aber erst bei Anbruch der Nacht aktiv werden. Einer der interessantesten Vertreter dieser Gruppe, trotz seines schlechten Rufs, ist der Skorpion. Die verbreitetste Skorpiongruppe in unseren Breiten bezeichnet man mit dem Namen Geißelskorpione (Uropygi). Sie ist nicht gefährlich. Ursprünglich in Südfrankreich beheimatet, verbreitete sich der Geißelskorpion als blinder Passagier auch weiter nördlich. Der mütterliche Instinkt dieser Tierchen ist wirklich bewundernswert. Kurz nach der Geburt hilft das Weibchen den Jungen dabei, sich aus der Eihülle zu befreien und auf dem mütterlichen Rücken Platz zu nehmen. Dort bleiben

Die Nattern bewegen sich im Gegensatz zu den Eidechsen fast lautlos fort. In Südeuropa, vereinzelt auch in manchen Gegenden der Schweiz, Österreichs und Deutschlands, trifft man eine besonders schöne Vertreterin dieser Gattung: die bronzefarbige Äskulapnatter. Am häufigsten trifft man in Südeuropa auf die Ringelnatter (Natrix natrix), die sich wie die Äskulapnatter oft sogar auf Bäumen aufhält.

Die kleine Glattnatter oder Schlingnatter (Coronella austriaca), die in Westeuropa häufig vorkommt, bevorzugt dagegen steinige, trockene Böden.

Gelbschwanzskorpion aus der Provence [4,5x]. Hier auf dem Bild ein Weibchen. Es trägt die Jungen auf dem Rücken. Das Gift dieses Skorpions ist für den Menschen nicht gefährlich; außerdem greift diese Art nur selten an.

Abbildungsmaßstab: 1:1,33.
Objektiv 105 mm und Balgengerät.
Blende: 22.
Beleuchtung: Elektronenblitz.

Im Gebirge

Im Gebirge breiten sich die schönsten Blumenwiesen aus. Ihre Vielfältigkeit ist kaum noch zu überbieten. Wenn man auch schon im Frühling beobachten kann, wie die ersten Knospen der Berg-Troddelblume (Soldanella montana) und Krokusse durch den Schnee brechen, so muß man trotzdem bis Juli warten, bis die Bergwiesen in voller Pracht stehen.

Die Topographie der Berge selber begünstigt die Vielfalt der Natur. Das Hochgebirge bietet innerhalb einiger Hundert Meter Höhenunterschied eine ganze Palette charakteristischer Zonen. (Mit steigender Höhe nimmt die Wärme etwa 1°C auf 170 m ab.)

Zwischen 800 und 1400 Metern erstreckt sich die sogenannte Nadelwaldzone (montane Stufe). Neben einigen für diese Region charakteristischen Pflanzen und Tieren begegnet man noch vielen Tier- und Pflanzenarten, die auch im Tief- oder Hügelland leben, sich aber der Temperatur dieser höheren Gegenden angepaßt haben.

Die Fichtenwaldstufe (subalpine Stufe) erstreckt sich zwischen 1400 und 2000 Metern. Sie ist das Reich der Fichte (Picea abies) und der Lärche (Larix decidua). Den Übergang zur nächsten Region bildet die Latschenkiefer (Pinus inugo). Oberhalb dieser Region bis zu 3000 Metern erstreckt sich die Hochgebirgsregion (alpine Stufe) mit Almen und vereinzelt auftretenden Zwergsträuchern.

Noch höher liegt schließlich die Region des ewigen Schnees (nivale Stufe).

Auf den verschiedenen Höhenstufen kann man bedeutende Veränderungen in der Entwicklung ein und derselben Pflanzenfamilie beobachten. Beim Aufstieg könnte man oft meinen, man kehre in die bereits vergangene Jahreszeit zurück: Die im Tal längst verwelkten Blumen stehen auf der Höhe noch in voller Blüte.

Die Meereshöhe ist ein Faktor, der auf das Aussehen der Fauna und Flora immer Einfluß hat. Hinzu kommt aber ein zweiter Faktor: Der Nordhang eines Berges bekommt wenig Sonne und weist ein stets feuchtes Klima auf, während der Südhang der Sonne zugekehrt ist und deshalb viel trockener ist.

Das Licht . . .

Die Höhe eines Berges und seine vielfältige Struktur hindern natürlich die Sonnenstrahlen, die manchmal kaum den Boden erreichen können. Der Fotograf tut gut daran, sich die Zeit der Sonneneinstrahlung für jeden Winkel genau zu notieren, damit er später sein «Rendezvous» mit der Sonne nicht versäumt. Man muß außerdem bedenken, daß der Sonnenuntergang im Gebirge abrupter geschieht als in der Ebene, wo sich die Sonne langsam hinter den Horizont zurückzieht.

Auf der Höhe gewinnt das Licht an Intensität. Die Atmosphäre ist dünner und läßt somit mehr Ultraviolett-Strahlen durch. Für Nahaufnahmen ist jedoch ein UV-Sperrfilter nicht erforderlich. Wenn man aber Landschaftsaufnahmen machen will, ist es sehr zu empfehlen. Noch besser ist ein Polarisationsfilter, das die Farbintensität steigert und störende Reflexe verhindert.

Im Gegensatz zu dem durch atmosphärische Schichten diffuseren Licht in der Ebene erweist sich das direkte Sonnenlicht in den Bergen meistens sehr gerichtet, wodurch starke Schlagschatten entstehen. Mehr als anderswo muß man hier vermeiden, mit Frontlicht zu arbeiten. Seitenlicht oder Streiflichter sind empfehlenswert. Aufhellschirme sind auch hier eine wertvolle Hilfe, die das Motiv gegebenenfalls auch vor Wind schützen können und die Verwacklungsgefahr verringern. Am günstigsten ist es, wenn der Himmel leicht bewölkt ist. Die Wolken sind dabei hervorragende Streufilter, die eine flache Ausleuchtung des Motivs ermöglichen. Schließlich empfehlen wir dem Bergfotografen, seine Kameraausrüstung auf ein Minimum zu reduzieren. Berganstiege

Smaragdeidechse (Lacerta viridis) [0,5x]. Diese Eidechse hat starke Kiefer, mit denen sie sich gegen Störenfriede wehrt. Auf dem Bild unten will sie gerade zubeißen.

Abbildungsmaßstab: 1:1,25.
Objektiv 55 mm mit automatischem Zwischenring.
Blende: 22.
Beleuchtung: Elektronenblitz.

Apollofalter (Parnassius apollo) [2,5x]. Dieser große Schmetterling ist im Gebirge heimisch. Man begegnet ihm bis zu einer Höhe von 2 500 m. Auf dem Bild unten entfaltet er sich auf der Blüte eines Rachenblüters (Scrophulariaceae). Die Aufnahme wurde in den Alpen bei starkem Nebel belichtet.

Abbildungsmaßstab: 1:2.
Makroobjektiv 55 mm.
Blende: 3,5.
Belichtungszeit: 1/30 s.
Beleuchtung: Tageslicht bei stark bewölktem Himmel und Nieselregen.
Film: Kodachrome 64.

sind oft recht mühsam, und möchte man sein gestecktes Ziel erreichen, sollte man das Marschgepäck so leicht wie möglich halten.

... und die Motive

Blumen sind wahrscheinlich die schönsten und interessantesten Motive, die sich dem Bergfotografen bieten: Türkenbund (Lilium martagon), Tigerlilie (Lilium tigrinum), Trollblume (Trollius europaeus), Kugeldistel (Echinops sphaerocephalus) oder Edelweiß (Leontopodium alpinum) sind nur einige Namen unter Tausenden wunderbarer Gewächse, die durch wildes Abrupfen leider selten geworden sind. Dieser Raubbau muß endlich aufhören. Man sollte sich damit begnügen, sie dort zu betrachten, wo sie am schönsten sind, an ihrem Standort in der freien Natur! Wenn man sie unbedingt besitzen will, kann man sie auch fotografieren.

Vielen von den Tausenden Lebewesen, die die Bergwiesen bewohnen, ist man bestimmt schon im Tal begegnet. Jedoch wird man oft auch auf typische «Einheimische» stoßen: Grillen, Heuschrecken, Käfer aus der Familie der Bockkäfer (Cerambycidae) oder den hellgraublauen Alpenbock (Rosalia alpina) mit schwarzen samtartigen Flecken.

Auch unter den Schmetterlingen wird man oft Arten beobachten können, die nur hier vorkommen, wie z. B. den prachtvollen Alpen-Apollofalter (Parnassius phoebus) mit seinen fast durchsichtigen rot gesprenkelten weißen Flügeln.

Amphibien sind selten im Gebirge. Bis zu 2000 Metern kommt jedoch der kleine Alpensalamander (Salamandra atra) nicht selten vor. Im Gegensatz zu den anderen Amphibien bringt das schwarze Tier Junge zur Welt, die sofort auf dem Trockenen leben können.

Unter den Reptilien, denen wir in Höhen bis 3000 Metern begegnen können, befindet sich die Bergeidechse (Lacerta vivipara). Die Anpassung an die harten Lebensbedingungen äußert sich auch bei ihr in der schon weit fortgeschrittenen Entwicklung der neugeborenen Jungen.

Türkenbund (Lilium martagon) [0,5x]. Das prächtige Liliengewächs, das leider allzuoft und rücksichtslos gepflückt wird, wird immer seltener. In Deutschland und in anderen Ländern steht es deshalb unter Naturschutz.

Makroobjektiv 55 mm.
Blende: 4–5,6.
Belichtungszeit: 1/60 s.
Beleuchtung: Tageslicht.
Gegenlicht. Kurz vor Sonnenuntergang.
Film: Kodachrome 25.

Am Wasser

Der Teich

Teiche, Tümpel und ihre Umgebung sind ideale Plätze für den Naturfreund. Diese nicht sehr tiefen, stillstehenden Gewässer sind für jedermann leicht zugänglich und haben außerdem den Vorteil, die größte Tiervielfalt aufzuweisen. Auf engstem Raum, wo man von einem Meter zum anderen, oder besser gesagt von einem Froschsprung zum anderen, auf dem Boden oder im Wasser steht, kribbelt und krabbelt es nur so! Dieser Zwitterbiotop, wo keine Grenze zwischen Wasser und festem Boden gezogen werden kann, lockt eine Fülle von Pflanzen und Tieren an, die sich je nach Neigung am Ufer, in überschwemmten Zonen oder in der Mitte des Wassers niederlassen.

Die sicherste Methode, um bei der Suche nach Teichen und Tümpeln zum Ziel zu gelangen, ist zuerst, eine detaillierte Karte der Gegend zu kaufen, z. B. eine Generalstabskarte 1:50 000 oder besser noch eine im Maßstab 1:25 000.

Wir empfehlen außerdem, um die Annäherungsversuche zu erleichtern, eine für diese feuchten Gegenden adäquate «Ausrüstung» anzuziehen (z. B. Stiefel). Bei manchen Aufnahmen muß man nämlich zwangsläufig im Wasser stehen. Die Feuchtigkeit schadet allerdings der Ausrüstung mehr als dem «Jäger».

Zum notwendigen Zubehör gehören schließlich kleine Gläser mit durchbohrten Deckeln sowie ein Kescher (kleines engmaschiges Fangnetz). Mit ihrer Hilfe kann man sehr schöne Exemplare sammeln und sie später im Studio aufnehmen. In jedem Fall sind die Tiere später wieder freizulassen.

Die Fülle und Vielfalt der Tierarten in der Umgebung eines Teiches hängt aber nicht mit seiner Größe zusammen. Wir kennen z. B. Wasserlöcher mit kaum drei Metern Durchmesser, die dennoch eine Menge von Molchen, Fröschen, Libellenlarven aller Art beherbergen, während einige Hundert Meter weiter riesige Wasserflächen den öden Anblick eines Niemandslandes bieten.

Bei dieser Gelegenheit soll der Hinweis nicht fehlen, daß die meisten künstlichen Binnengewässer, die in jüngster Zeit entstanden sind, dieselbe «Leere» aufweisen, denn normalerweise dauert es Jahrzehnte, bis eine artenreiche Fauna und Flora in diesen «Biotopen» heimisch wird.

Das Leben am Wasser steht in engem Zusammenhang mit den Jahreszeiten. Im Winter ist die Aktivität der Tiere gering: Viele verbringen diese Jahreszeit in lethargischem Zustand im Schlamm versteckt. Im Frühling erfährt ihre Welt dann eine Wiederbelebung, die jedoch den Vergleich mit der Welt der Wiesen, wo Blumen und Insekten gleich bei Anbruch der ersten schönen Tage erscheinen, nicht aushält.

Mit den Jahren verändert sich das Aussehen des Teiches allmählich: Immer mehr Schlamm – verfaulte organische Teilchen – setzt sich ab und füllt ihn schließlich auf. Diese Ablagerungen begünstigt das Überwuchern der Pflanzen vom Ufer her. Die Wasseroberfläche zieht sich langsam wie Chagrinleder zusammen. Der Teich verschwindet langsam, begraben, erstickt durch Pflanzen. Dieser Auflösungsprozeß erfolgt aber nicht nur auf natürliche Weise, er kann sich viel brutaler vollziehen. Ein Teich ist eine biologische Einheit; seine Existenz hängt mit einer Vielzahl komplexer Faktoren zusammen, die ihre jeweilige Funktion

Gepaarte Libellen [1,5x]. Bei ihnen beherrscht das Männchen sehr oft ein eigenes Jagdgebiet, in dem es alleine oder eventuell mit seiner zukünftigen Lebensgefährtin Schnaken und Fliegen jagt. Jeder Eindringling wird sofort verscheucht. Kurz vor der Paarung umschwärmt das Männchen das Weibchen in einem ruckartigen Tanz.

Abbildunsmaßstab: 1:4.
Blende: 5,6.
Belichtungszeit: 1/250 s.
Beleuchtung: Tageslicht, heiterer Himmel, Sonnenschein, das Blau des Himmels spiegelt sich im Wasser des Teiches.
Film: Kodachrome 64.

Plattbauch-Libelle (Libellula depressa) [0,8x]. Auf der Spitze eines Zweiges lauert die Wasserjungfer. Fliegt eine Beute vorbei, startet sie wie der Blitz . . .

Teleobjektiv 300 mm und 25-mm-Zwischenring.
Blende: 4,5.
Belichtungszeit: 1/250 s.
Beleuchtung: Tageslicht am Spätnachmittag, Gegenlicht.

nur erfüllen können, wenn die gesamten Bewohner dieses Gebietes mitwirken: Seien es nur mikroskopisch kleine im Wasser hängende Algen, oder große, wie der Storch. Bringt man nur eine einzige fremde Familie massenweise und auf brutale Art hinzu, wie der Mensch es zu tun versteht – schon ist die Zukunft dieser autonomen Welt in Frage gestellt. Raubfische – Hecht oder Barsch für den Angler – und Müll aus der Siedlung in der Nähe – schon ist das Schicksal dieser einstmals friedlichen Welt besiegelt!

Uferbewohner

Die Libellen

Die Großen Libellen, diese Königinnen der Lüfte, deren Lebensraum der Teich und seine nähere Umgebung ist, gelten als schwierige «Fotomodelle». Ein Teleobjektiv ist auf jeden Fall nützlich. Einige Libellenarten bringen es immerhin auf 100 Stundenkilometer, die meisten lassen es aber langsamer angehen: Mit 30 Flügelschlägen pro Sekunde kommen sie auf Tempo 40.

daß bei manchen Arten der Kopf völlig darunter verschwindet und man meinen könnte, die Libelle hätte einen Helm aufgesetzt. So ein Auge besteht an der Oberfläche aus Tausenden von eng aneinanderliegenden Facetten, so daß die Libelle ihre Beute, ganz gleich aus welcher Richtung diese kommt, auf jeden Fall erspäht.

Der Fotograf muß sich ruhig verhalten und hektische Bewegungen vermeiden. Wenn er die Libelle trotzdem verscheucht hat, hilft Geduld und Warten. Bis Ausschnitt und Kameraeinstellung festliegen, kommt die Libelle meist wieder zurück – manchmal sogar

Schlankjungfer (Agrion pulchellum) [2x]. Sie trägt noch die Beute, die sie bei ihrem letztem Flug geschnappt hat: eine Eintagsfliege, deren weiße Farbe besagt, daß sie ihre endgültige Gestalt noch nicht angenommen hat. Ihren Mangel an Erfahrung mußte sie mit dem Leben bezahlen.

Abbildungsmaßstab: 1:2,5.
Makroobjektiv 55 mm.
Blende: 5,6.
Belichtungszeit: 1/125 s.
Beleuchtung: Tageslicht.

Schauen wir einmal dem Spiel der Libelle zu. Nachdem sie ihre nähere Umgebung wie eine Primadonna durchtanzt hat, kehrt sie in der Regel stets zu ihrem Ausgangspunkt zurück. Auf einem dürren Zweig oder auf der Spitze eines Schilfrohres lauert sie auf ihre Beute. Dabei ist sie mit Ausnahme von kaum wahrnehmbaren ruckartigen Kopfbewegungen fast vollkommen starr. Diese Haltung erinnert uns an Raubvögel, die ihre Beute von einer Baumkrone oder von einem Pfeiler aus erspähen. Die Libelle hat sozusagen «Adleraugen», denn ihre beiden Facettenaugen sind so stark entwickelt, mit einer Eintagsfliege oder einem Schmetterling als Beute, die sie während des Fluges geschnappt hat. Solche Aufnahmen sind dann besonders reizvoll.

Die dünnleibigen, geräuschlos fliegenden Kleinlibellen, unter denen es welche mit dem netten Namen «Binsenjungfer» (Familie Leslidae) und Wasserjungfern (Familie Coenagrionidae) gibt, findet man an Teich und Tümpel. Bei den Azurjungfern (Coenagrion pulchellum) mit ihrem metallblauen Körper unterscheiden sich Männchen und Weibchen durch die Farbe der Flügel: grauschwarz bei den

Rechts: Azurjungfer (Coenagrion puella) [3x] auf einem Schilfblatt in der Mitte eines künstlichen Teiches. Sie starrt auf das sich nähernde Objektiv.

Abbildungsmaßstab: 1:2.
Makroobjektiv 55 mm.
Belichtungszeit: 1/125 s.
Beleuchtung: Tageslicht.

Unten: Nahaufnahme des Kopfes [18x]. Die wenig ausdrucksvollen Augen der Libelle bestehen aus Tausenden von Einzelaugen. Die Beine haben scharfe Dornen, was den Beutefang im Flug erleichtert.

Abbildungsmaßstab: 4,4:1.
Makroobjektiv 25 mm Photar.
Blende: 11.
Beleuchtung: Elektronenblitz.

Weibchen, königsblau bei den Männchen. Diese zierlichen Lebewesen haben jedoch dieselbe räuberische Veranlagung wie die kräftigeren Libellen.

Die Paarung der Libellen gehört zu den erstaunlichsten Szenen auf der Bühne dieser Kleintierwelt. Die großen Libellen machen das ziemlich gewaltsam mit schwirrenden Flügeln und erst nach etlichen Luftkämpfen, so daß man mit dem Schauen nicht mehr mitkommt. Bei den Wasserjungfern kann man die Paarung hingegen besser verfolgen, da sie weniger scheu und impulsiv sind. Das Männchen beginnt, indem es das Weibchen mit seiner Hinterleibszange im Nacken packt. Das eben entstandene Paar fliegt dann ein paar Pirouetten im Tandem, um schließlich auf einen Grashalm zu landen, wobei sich nur das Männchen auf die Pflanze stützt; das Weibchen hängt in der Luft. Bald biegt es seinen Hinterleib nach vorne, um mit dem Vorderteil des Männchens in Verbindung zu kommen und den Samen zu empfangen. Die so gepaarten Körper bilden eine Figur, die an ein Herz oder Rad erinnert – man nennt diese Position Paarungsrad. Die beiden Partner können, werden sie gestört, in dieser seltsamen Position genauso gut abfliegen wie alleine.

Ist die Paarung einmal vollzogen, wird meistens das Männchen das Weibchen nicht so schnell verlassen. Bei manchen Libellenarten bleibt es mit ihm sogar bis zur Eierablage gekoppelt. Das Paar senkt sich in diesem Augenblick zum Wasser hinunter, bis das Weibchen auf einem schwimmenden Blatt landet. Es biegt seinen Hinterleib zum Wasser hin, wo es die Eier auf der Unterseite des Blattes einsticht. Fest im Nacken des Weibchens sitzend und mit zusammengelegten Beinen sieht das Männchen wie eine aufrechtstehende Antenne aus. Um diese seltsame Position der beiden Partner zu fotografieren, muß man schon ins Wasser steigen, wobei hohe Stiefel sehr nützlich sind. Ferner braucht man für diese Aufnahme einen Winkelsucher oder einen Schachtsucher, dessen senkrechter Einblick es ermöglicht, mit der Kamera sehr nah an die Wasseroberfläche heranzugehen. Bei solchen Aufnahmen muß der Fotograf gefaßt sein, sich fast genauso wie seine «Modelle» verrenken zu müssen.

Lebende Wolken

Die Ufer der Teiche werden aber nicht nur von Libellen besucht. Andere Insekten, die wie die letzteren im Wasser schlüpfen, wo sie lange Zeit als Larve gelebt haben, schwärmen über der Wasseroberfläche. So zum Beispiel die Eintagsfliegen (Ephemeridae) – auch Maifliegen genannt. Das Gesetz der Natur hat ihnen nur einige Stunden zum Leben vergönnt, daher ihr Name. Ihr Leben endet meist schon nach einem Paarungsflug, wobei sie wie dichte, lebende Wolken über dem Wasser schwirren. Das Weibchen übergibt dem Teich seine Eier und fällt dann erschöpft am Ufer zu Boden. In Nordamerika, in der Gegend der «Großen Seen», sind die Straßen manchmal mit ganzen Schichten dieser Insektenleichen bedeckt, die das Pflaster glitschig machen. Als Ausgleich für ein so kurzes Schicksal genießt die Larve der Eintagsfliege dagegen ein sehr langes Unterwasserleben, das manchmal bis zu drei Jahren dauert.

Die Lebensdauer der Schnaken ist mit höchstens zwei bis drei Wochen auch nicht gerade überwältigend lang. Die Zuckmücken oder Tanzmücken (Chironomidae) wohnen auch am Wasser. Der Fotograf schätzt an ihnen besonders, daß sie nicht stechen können. Die knallrote Larve einiger Arten der Gattung Chironomus, die im Bodenschlamm lebt, ist ein begehrter Angelköder. Nur das Männchen der Zuckmücke hat große federartige Fühler. Diese anmutigen Organe sind aber keine unnützen Verzierungen. Es sind «Schwingungsempfänger», die ihm ermöglichen, den «Gesang», den das Weibchen beim Fliegen erzeugt, wahrzunehmen. Bei 500 Flügelschlägen pro Sekunde bringt das Weibchen Töne hervor, deren Höhe etwa fünf Oktaven unter dem Grundton der A-Moll-Tonleiter liegt. Hat das Männchen diesen sehr melodiösen Gesang empfangen, fliegt es sofort der begehrten Musikantin entgegen.

Süßwasser lockt auch respekteinflößende Kreaturen mit überdimensionalen Beinen an, die wir Riesenschnaken (Tipula maxima) nennen. Ihr furchterregendes Aussehen entspricht aber nicht ihrem wahren Charakter, denn diese Insekten sind absolut unfähig zu

stechen. Es sind sozusagen «fliegende Weberknechte». Ihre langen, dünnen Beine sind sehr zerbrechlich. Diese Glieder, die scheinbar nutzlos in der Luft hängen, erleichtern in Wirklichkeit den Flug dieser Insekten, die sich damit von Luftströmungen treiben lassen können, genau wie manche Samen, die mit ihren federartigen Fortsätzen vom Winde verweht werden.

Jäger im Schlaraffenland

Manche Tiere verstehen es, aus dem ständigen Hin- und Herschwärmen über dem Wasser Kapital zu schlagen. Die Streckerspinne (Tetragnata extensa) z. B. hat sich auf die Jagd dieser zahlreichen Sumpfbewohner spezialisiert. Ihr Wohnsitz liegt immer auf den vordersten Pflanzen am Rand des Wassers. Dort spinnt sie ihr breites schrägstehendes Netz, das schnell von Tausenden kleinen Beutetieren wimmelt. Um bei der Nahrungssuche stets an der Quelle zu sein, spinnt sie einige Fäden manchmal sogar bis zu einem im Wasser halb versunkenen dürren Zweig. Man kann sich vorstellen, wie oft sie den waghalsigen Balanceakt riskiert hat, um über das Wasser hinweg dieses Verbindungstau zu knüpfen! Mit einer kleinen Einschlaglupe beobachten wir das Gesicht dieser seltsamen länglichen Spinne. Die Augen sind wie acht schwarze kleine Perlen in zwei Reihen in den Cephalothorax eingelassen. Über diese Augen springen zwei lange, scharfe Giftklauen (Chelizeren) hervor. Wenn die Spinne ruht, bleiben diese Waffen wie die Klinge eines Taschenmessers zusammengeklappt.

Blutrote Heidelibellen (Sympetrum sanguineum) [3x]. Das Weibchen biegt den Hinterleib nach unten und legt die Eier auf eine Wasserpflanze knapp unter dem Wasserspiegel. Obwohl das Männchen seinen Part bei der Befruchtung längst gespielt hat, hält es das Weibchen immer noch umschlungen. Dafür benutzt es seine zwei Greifzangen am Hinterleib, mit denen es sich hinter dem Kopf des Weibchens festhält. Kerzengerade thronend verläßt es das Weibchen erst nach der Eierablage.

Die Eierablage bei den großen Libellen geht dagegen viel schneller vonstatten. Im Tiefflug führt das Weibchen einen akrobatischen Tanz auf, wobei es den Wasserspiegel mit dem Hinterleib berührt. Im Zickzackflug legt es jedes Mal einige seiner runden Eier. Aus diesen schlüpfen dann die Wasserlarven, die mit ihren schönen Eltern zunächst nichts gemein haben.

Abbildungsmaßstab: 1:2,85.
Makroobjektiv 55 mm.
Blende: 5,6–8.
Belichtungszeit: 1/60 s.
Beleuchtung: Tageslicht durch Blätter und Wasserpflanzen.

Wasserbewohner

Am Ufer des Teiches gibt es auch Tiere, die dauernd zwischen Wasser und festem Boden pendeln. Eine dieser Arten ist der Wasserfrosch (Rana esculenta). Wir haben ihn unter die Wasserbewohner eingeordnet, denn wenn wir ihn an Land aufschrecken, flüchtet er sofort ins Wasser. Mit einem Sprung verschwindet er in der Tiefe und taucht dann erst nach einigen Augenblicken wieder auf, immer bereit, beim nächsten Alarm wieder in die Geborgenheit des Wasser zu flüchten. Mit einem Teleobjektiv kann man den Frosch leichter erfassen. Nahaufnahmen mit einer Entfernung von einigen Zentimetern kommen nicht in Frage, wenn man weiß, wie seine Augen funktionieren. Die hervorstehenden Augen des Frosches sind sozusagen ein Periskop. Damit kann er, während der Körper unter Wasser bleibt, über Wasser Ausschau halten. Wer könnte auch diese winzigen grünlichen Murmeln zwischen dem Blattwerk und Gestrüpp auf der Wasseroberfläche ausmachen. Interessant ist, wie diese Augen funktionieren. Forschungen haben gezeigt, daß der Frosch nur bewegliche Objekte sehen kann. Sie treten im Blickfeld des Frosches scharf hervor, wenn der Hintergrund statisch ist und infolgedessen im Auge des Frosches schwarz erscheint. Vom Teich aus nimmt der Frosch nur zwei Arten von beweglichen Elementen wahr: entweder Beutetiere (z. B. fliegende Insekten) – oder Feinde (z. B. einen Storch oder gegebenfalls auch einen Fotografen). Also denken Sie daran, daß ein Fotograf, der sich nicht bewegt, für den Frosch nicht existiert.

Zwei Arten von Nattern halten sich gerne in Wassernähe auf, die Würfelnatter (Natrix tessellate), die häufigste am Ufer unserer Teiche; und die Ringelnatter (Natrix natrix). Von den anderen Schlagen kann man die Ringelnatter meist an dem weißlichen Fleck auf beiden Seiten hinter dem Kopf unterscheiden. Die giftige Kreuzotter (Vipera berus) meidet unmittelbare Wassernähe. Die Ringelnattern sind hervorragende Schwimmer, die fast immer den Kopf über das Wasser halten und sich durch schnelle, wellenartige Bewegungen des Körpers rasch vorwärts bewegen. Frösche, Fische, Kaulquappen und Molche sind ihre bevorzugten Jagdobjete . . .

Lichtreflexe auf der Wasseroberfläche wirken bei Aufnahmen von Tieren, die sich halb unter Wasser wie in einem milchigen Schleier verbergen, oft störend. Dagegen hilft ein Polfilter, der solche Reflexe aufhebt und uns den Blick in die Welt unter der Wasseroberfläche auftut.

Die Insekten im feuchten Element

Wenn die Insekten das Meer auch den Krebstieren überlassen haben, so haben sie sich aus dem Süßwasser nicht vertreiben lassen, denn viele von ihnen sind für das Leben im Süßwasser vorzüglich ausgestattet, auch als Erwachsene, nicht nur als Larven. Einige haben eine besonders raffinierte Lösung gefunden: Sie können auf der Wasseroberfläche gehen. So kann man die Wasserläufer (Gerridae) beobachten, wenn sie wild auf der Oberfläche des Teiches tanzen. Dieses Insekt sieht zwar wie eine Spinne aus, gehört aber in Wirklichkeit zur Ordnung der Wanzen. Fällt unglücklicherweise eine Fliege ins Wasser, wo sie mit aller Kraft versucht, sich zu retten, so wird sie zur leichten Beute dieser Wasserläufer.

Von diesen seltsamen Insekten abgesehen, die ihr Leben in der Grenzzone zwischen Luft und Wasser verbringen, sind die anderen Wasserinsekten unter der Oberfläche zu finden. Dort gibt es noch andere Wanzenarten wie den Rückenschwimmer (Notonecta glauca), den Wasserskorpion (Nepa rubra) oder die Stabwanze (Ranatra linearis).

Die Anpassung an das Leben unter Wasser erkennt man bei den Rückenschwimmern an den langen behaarten Hinterbeinen, die als Flossen fungieren. Diese Wanzen sind hervorragende Schwimmer. Wie ihr Name schon sagt, schwimmen sie auf dem Rücken. Die Rückenschwimmer sind Räuber und immer bereit, Kleintiere, die im Was-

Wasserjungfern [3x]. Wir haben sie Ende August unter anderen Libellen in einem halb ausgetrockneten Teich entdeckt. Trotz der ziemlich komplizierten Stellung bei der Paarung können die Wasserjungfern beim ersten Alarm sofort abfliegen, um einen besseren Unterschlupf zu finden.

Abbildungsmaßstab: 1:2,5.
Makroobjektiv 55 mm.
Blende: 4–5,6.
Belichtungszeit: 1/125 s.
Beleuchtung: Gegenlicht am Morgen.

Azurjungfer (Coenagrion puella) [1,5x]. Die Sonnenstrahlen spiegeln sich tausendfach im Wasser wieder.

Abbildungsmaßstab: 1:3,33.
Makroobjektiv 55 mm.
Blende: 8.
Belichtungszeit: 1/125 s.
Beleuchtung: Tageslicht.

Unten: Eintagsfliege (Ephemeridae) [3,5x].
Abbildungsmaßstab: 1:2.
105-mm-Objektiv und 25-mm-Zwischenring.
Beleuchtung: Morgenlicht beim bewölktem Himmel.

ser leben, zu ergreifen. Hin und wieder steigen sie zur Oberfläche, um ihren Luftvorrat zu erneuern. Dabei lassen sie die Spitze ihre Hinterleibs, wo sich zwei Atemöffnungen (Stigmen) befinden, auftauchen. Wenn der Rückenschwimmer sich ein anderes Jagdgebiet aussuchen will, kann er dorthin fliegen.

Wasserskorpione und Stabwanzen sind dagegen schlechte Schwimmer. Bei ihnen sind die Vorderbeine zu Greiforganen umgewandelt – Greiforgane, die das Beutetier blitzschnell umklammern. Die kräftigen Freßwerkzeuge erledigen dann den Rest. Ihre Atmung erfolgt ungefähr nach dem Prinzip des «Schnorchelns», nämlich durch ein Atmungsrohr. Es befindet sich am Hinterleib. Durch dieses Atmungsrohr kann das Insekt Luft holen, ohne völlig auftauchen zu müssen.

Zwei große Wasserinsekten fallen dem Naturfreund sofort auf: der Gelbrandkäfer (Gattung Dytiscus) und der Wasserkäfer (Gattung Hydroporus). Letzterer ist mit einer Länge vom 5 cm das größte europäische Wasserinsekt. Wie der Name bereits ausdrückt, sehen diese Insekten wie große schwarze Käfer aus, nur daß sie im Wasser leben. Sie haben ihre Atmungsprobleme auf seltsame Weise gelöst.

Der Gelbrandkäfer trägt seinen Luftvorrat in einer flachen Kammer unter den Deckflügeln. Hin und wieder schwimmt er zur Wasseroberfläche, streckt die Hinterleibspitze und füllt das Luftreservoir.

Der Wasserkäfer dagegen trägt seinen Luftvorrat in einer dünnen Schicht auf der Bauchseite hinter zahlreichen imprägnierten Haaren, die dem Bauch des Tieres die schillernde Silberfarbe verleihen.

Spinne oder Froschmann?

Dieselben schillernden Farben wie der Wasserkäfer weist ein weiterer Wasserbewohner auf: die seltsame Wasserspinne (Argyroneta aquatica). Diese Außenseiterin – sie ist die einzige aus der Familie der Spinnen, die den Sprung ins Wasser gewagt hat – hat sich so perfekt als Weberin entwickelt, daß sie für ihr Leben im Wasser eine Art «Taucherglocke» webt. Mit ihrem stark behaarten Hinterleib trägt sie kleine Luftbläschen von der Wasseroberfläche zu ihrer Unterwasserbehausung zwischen Wasserpflanzen. Dort angelangt, läßt sie die Luft in ihrer Tauchglocke nach oben steigen. Nach einigen Reisen an die Wasseroberfläche ist das Gehäuse so gut mit Luft gefüllt, daß die Spinne bequem und unbesorgt tagelang darin verweilen kann.

Schnake mit wespenähnlicher Warnzeichnung [4x] auf dem Blatt einer Schwertlilie. Sie sticht aber nicht.

Abbildungsmaßstab: 1:1,25.
105 mm Objektiv und Balgengerät.
Blende: 22.
Beleuchtung: Elektronenblitz mit Aufhellschirmen.

Kieferspinne (Gattung Tetragnatha) [3x]. Sie hängt ihr aufgespanntes Radnetz meistens am Ufer eines Teiches auf oder wie hier über einem Bach.

Abbildungsmaßstab: 1:2,5.
Makroobjektiv 55 mm.
Belichtungszeit: 1/60 s.
Beleuchtung: Tageslicht am Spätnachmittag, Gegenlicht.

Die Larven der Wasserinsekten

Die Larven der Wasserinsekten sind nicht die einzigen, die das Wasser beherbergt. Auch zahlreiche Insekten, die um dem Teich schwärmen, legen ihre Eier im Wasser ab. Kein Wunder also, wenn es in unserem mit Schlamm gefüllten Kescher von Larven nur so wimmelt. Zu den auffälligsten Vertreterinnen gehören die Libellenlarven. Beim Anblick ihrer klobigen Gestalt kann man sich kaum vorstellen, daß sie später einmal zwischen den Schilfrohren umherschwirren wird. Diese «häßliche» Larve hat neben anderen Eigenschaften auch ein Werkzeug, mit dem sie ihre Beute fängt: eine Fangmaske. Gewöhnlich ist diese Maske wie eine Unterlippe eingeklappt. Entdeckt die Larve ein Beutetier, kriecht sie langsam darauf zu. Wenn sie nahe genug herangekommen ist, schleudert sie ihre Fangmaske gegen die Beute und hält sie mit der Klaue fest. Danach faltet sie die Maske wieder zusammen und verzehrt ihr Opfer in aller Ruhe. In Notsituationen kann sich die Libellenlarve durch «Rückstoß» sehr rasch vorwärts bewegen: Wasser wird in den Enddarm eingesaugt und kräftig wieder ausgestoßen, so daß die Larve nach vorne getrieben wird.

Köcherfliegenlarven (Trichoptera) sind nicht leicht zu entdecken. Der Anfänger wird sie bestimmt ins Wasser zurückwerfen, ohne zu bemerken, daß sich in dieser länglichen Form aus allen möglichen Abfallteilen in seinem Kescher ein Tier verbirgt. Dieses seltsame röhrenförmige Gebilde, dessen Bauteile mit seidenen Fäden zusammengesponnen sind, ist das Werk der Köcherfliegenlarve, in dem sie wohlgeschützt lebt. Diese Larve benutzt, je nach Fa-

milie, zu der sie gehört, verschiedene Baumaterialien. Einige bevorzugen Zweige, Blätter oder Schneckenschalen, andere Sandkörner, Kies und abgestorbenes Holz.

Stichlings Flitterwochen

Bei der Erkundung eines Teiches stoßen wir manchmal auch auf Fische. Derjenige, der unsere Aufmerksamkeit am ehesten verdient, ist zweifellos der Dreistachlige Stichling (Gasterosteus aculeatus). Wenn der Mai ins Land zieht, erscheint der Stichling im Sonntagsstaat. (Die Zeit der Paarung erstreckt sich bis Juni.) Das Männchen schmückt sich mit einem prachtvollen Hochzeitsgewand: Blaugrün der Rükken, orange bis rosafarbig die Seiten, rot der Hals. In dieser Tracht und mit seinen schillernden Smaragdaugen kann er es mit den schönsten Zierfischen unserer Aquarien aufnehmen. Nicht nur seine Schönheit, sondern auch eine für Fische ungewöhnliche Fähigkeit hat uns neugierig gemacht: Der Stichling kann nämlich ein Nest bauen. Dieses kugelförmige Werk besteht aus Wasserpflanzen, die er mittels eines Nierensekrets zusammenklebt. Er zeigt ein sehr interessantes

Biene [5,5x]. Auf dem Bild oben stillt die Biene ihren Durst, indem sie in der Nähe eines Teiches Wasser aus dem durchnäßten Moos aufsaugt.

Abbildungsmaßstab: 1:1.
Makroobjektiv 55 mm mit automatischem Zwischenring.
Blende: 4–5,6.
Belichtungszeit: 1/125 s.
Beleuchtung: Tageslicht um die Mittagszeit.

Junge Ringelnatter (Natrix natrix) [7x]. Sie bewohnt am liebsten feuchte Winkel, wo sie allerlei Beutetiere wie Fische, Kaulquappen, Frösche usw. findet.

Abbildungsmaßstab: 1,2:1.
105-mm-Objektiv und Balgengerät.
Blende: 22–32.
Beleuchtung: Elektronenblitz und Aufhellschirm.

Balzverhalten. Wenn es ihm gelungen ist, ein Weibchen zu gewinnen, das in diesem Unterschlupf ablaicht, übernimmt das Männchen allein die Bewachung und Pflege der Nachkommenschaft.

Wasserbewohner vor der Kamera

Diese Tiere kann man in ihrem natürlichen Biotop nur schwerlich aufnehmen. Einfacher ist es, die kleine Welt unserer Wasserbewohner nachzubauen. Vor dem Aquarium, in dem das Biotop des Tieres wieder hergestellt wurde, bleiben Fotograf wie Kamera trocken. Manche Leute, die sich unsere Aufnahmen anschauten, haben tatsächlich gedacht, wir hätten uns manchmal in Froschmänner verwandelt. Leider mußten wir sie «enttäuschen». (Aquarienfotografie siehe letztes Kapitel.)

Die Mikrofauna

Um den Wert mancher «Ernten» zu genießen, muß man nach Hause zurückkehren und im Labor mit Lupe und Mikroskop arbeiten. An Ort und Stelle braucht man nur einige abgestorbene Pflanzen aufzulesen, die man in Gläsern mit ein wenig Wasser aus dem Teich mit zu sich nach Hause nimmt. Dort füllt man den Gläserinhalt in ein geräumiges Aquarium um. Solange das Wasser noch durcheinander wirbelt und die Pflanzenreste noch im Wasser schweben, erscheint eine Fülle kleiner Tiere, die in aller Eile ein neues ruhigeres Versteck suchen. Ein

Mikrokosmos, dessen Viefalt kaum noch zu übertreffen ist, eröffnet sich den Augen des Fotografen. Zu den größten und unruhigsten Lebewesen dieser Welt gehören die Bachflohkrebse (Gammaridae) und die Wasserasseln (Asellus aquaticus). Beide gehören zu den Krebstieren (Crustacea). Letztere sind mit den Mauer- und Kellerasseln nahe verwandt. Beide Tiere sind nützliche Gäste in einem Aquarium, denn sie ernähren sich von verfaulten pflanzlichen und tierischen Teilchen und erfüllen somit die Aufgaben einer Kläranlage. Kleiner sind die Wasserflöhe (Daphnia) und die Hüpferlinge (Cyclops); man erkennt sie aber leicht an ihren hüpfenden Schwimmbewegungen. Beim Wasserfloh kann man mit einer Lupe das klopfende Herz hinter dem durchsichtigen Rückenschild beobachten. Weiter hinten sieht man eine Brutkammer, die von einer bräunlichen Hülle, dem Epihippium, überdeckt ist und die während der Trächtigkeit mit Eiern gefüllt ist. Während des Sommers gibt es nur Weibchen, die sich parthenogenetisch, d. h. ohne Befruchtung, sehr schnell vermehren. Der Hüpferling zeichnet sich durch ein einziges Auge aus – daher die wissenschaftliche Bezeichnung «Cyclops» –, das seine Stirn mit einem roten Fleck schmückt. Er trägt seine Eier in zwei kleinen Säcken links und rechts des Abdomens. Er bedient sich seiner Fühler (Antennen) als Ruder. Arbeitet man mit Mikroskop, wird man eine Fülle von Tierchen beobachten können. Dafür braucht man nur mit Hilfe einer Pipette ein Tröpfchen Wasser in der Nähe einer Pflanze abzusaugen und es zwischen Objektträger und Deckgläschen unter ein Mikroskop zu legen. Ein Teilchen einer Pflanze, das man vorsichtig mit einer feinen Pinzette herausgenommen und in die Mitte dieses Tröpfchens gelegt hat, bringt noch einige interessante Lebewesen aus der Mikrowelt hinzu, besonders wenn die Pflanze bereits abgestorben ist. Die Beschreibung der Organismen, die dabei entdeckt werden können, würde den Rahmen dieses Buches sprengen. Mit einem kleinen Handbuch kann man sich aber mit ihnen schon vertraut machen. Was uns betrifft, haben wir eine Vorliebe für die Glockentierchen (Vorticella), die in Kolonien an den Wasserpflanzen angeheftet leben und sich wie ein lebendes Blumenfeld entfalten. Diese Tierchen bestehen aus einer einzigen Zelle. Sie bewegen sich mittels eines langen schwingenden Fortsatzes. Ihr glockenförmiger Körper ist mit einem Saum wirbelnder Wimpern geschmückt, der die mikroskopisch kleinen Schwebeteilchen in kräftige Turbulenzen

Wasserflöhe (Daphnia) [30x].
Abbildungsmaßstab: 7:1.
Makroobjektiv 25 mm Photar.
Blende: 8.
Beleuchtung: Blitz schräg von unten.
Unten: Ein Weibchen beim Eierlegen [60x].
Mikroskopaufnahme 15fach vergrößert.

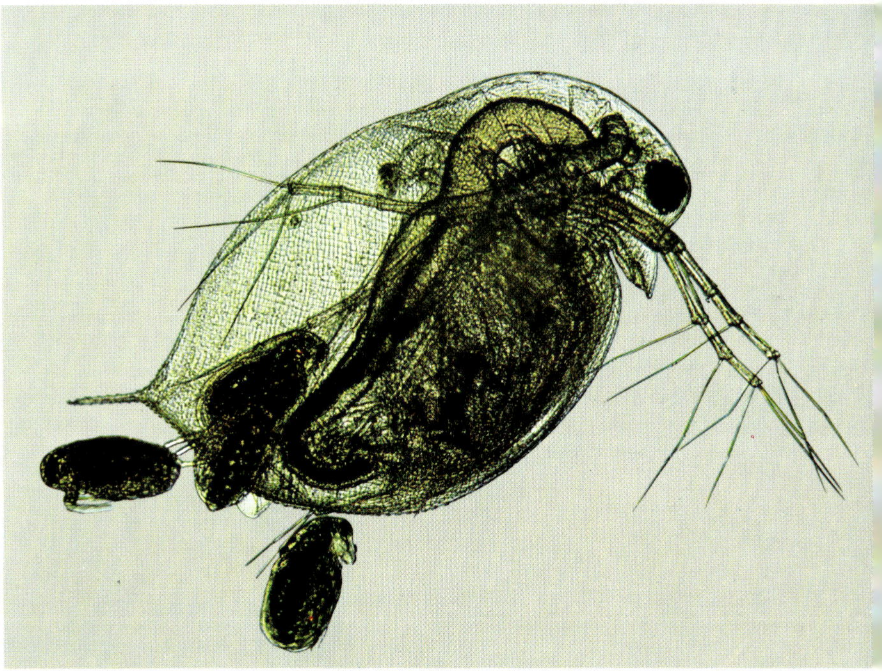

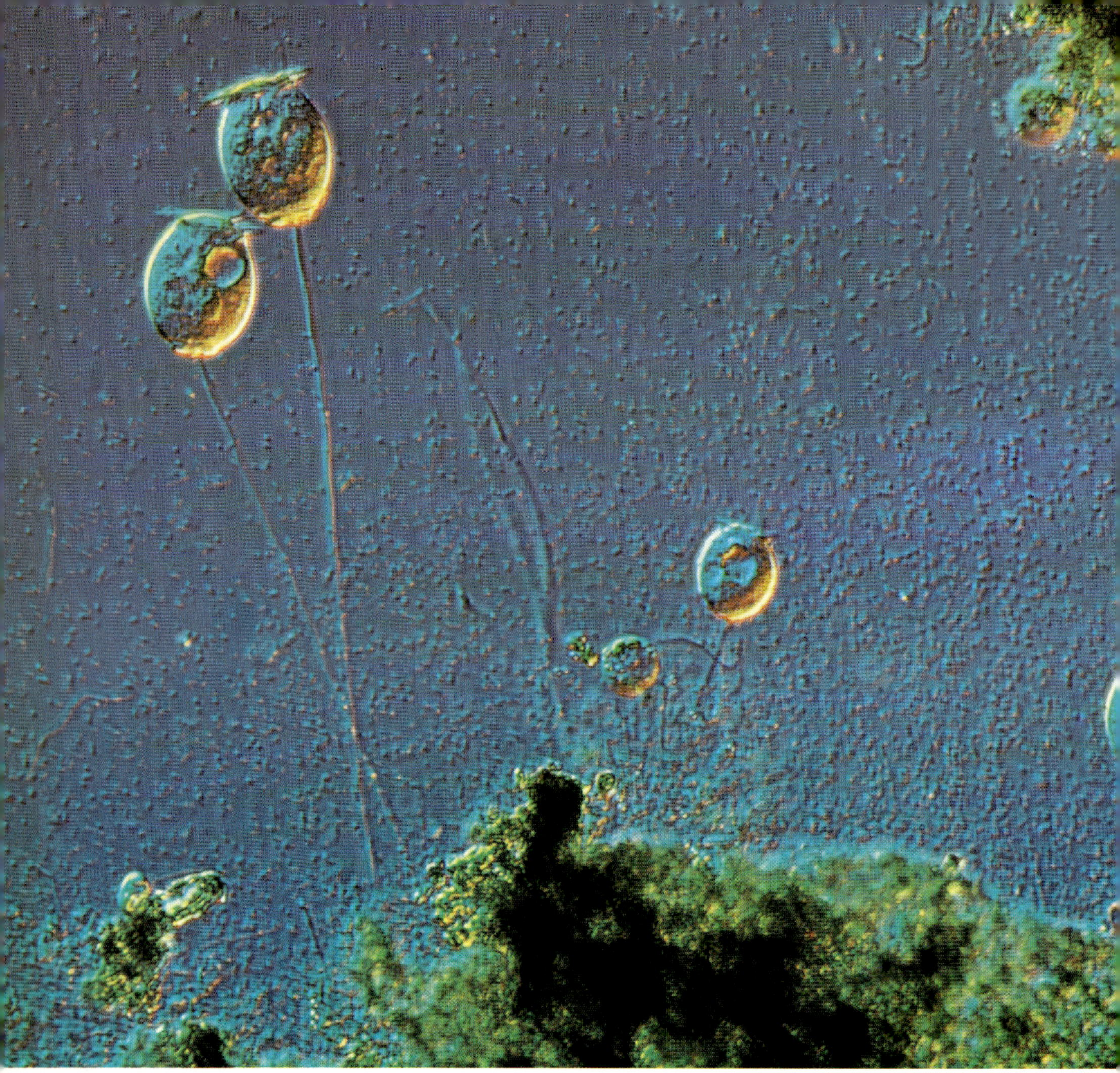

Glockentierchen (Gattung Vorticella) [600x]. Jedes Tierchen besteht aus einer einzigen Zelle und ist mit Geißeln versehen, die die im Wasser schwebenden Bakterien anziehen. Der lange Fuß, mit dem sich das Glockentierchen an abgestorbenen Pflanzenteilchen festhält, schnurrt beim ersten Alarm wie eine Spiralfeder zusammen.

Zetopan Reichert-Mikroskop. 80fache Vergrößerung. Belichtungszeit: 1/30 s. Film: Kodachrome-Kunstlichtfilm.

bringt. Sobald die Glockentierchen eine Gefahr spüren, ziehen sie sich plötzlich zusammen, um sich langsam wieder auszudehnen. Ein kleiner Stoß an den Objekttisch des Mikroskopes genügt, um dieses Phänomen hervorzurufen.

Saison-Gäste

Der Teich ist jedes Jahr mit den ersten schönen Tagen Ziel für Lurche, die an Land überwintert haben. Es ist eine Art Wallfahrt, die Frösche, Kröten, Molche und Salamander jedes Jahr zu ihrem Geburtsort unternehmen. Diese Tiere sind Nachkommen von Tieren aus einer Zeit, in der die Wirbeltiere das Festland eroberten. Vor ungefähr 400 Millionen Jahren entwickelten sich Fische zu landlebenden Vierfüßlern. Es waren dicke ungeschickte Tiere, die den Versuch machten, sich aus

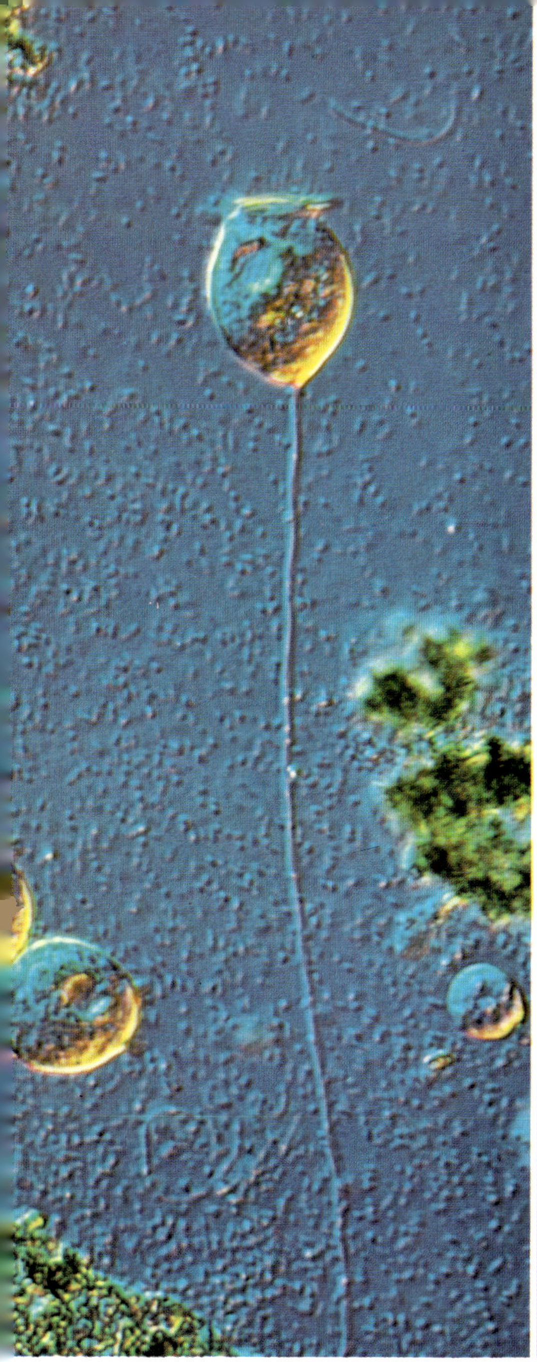

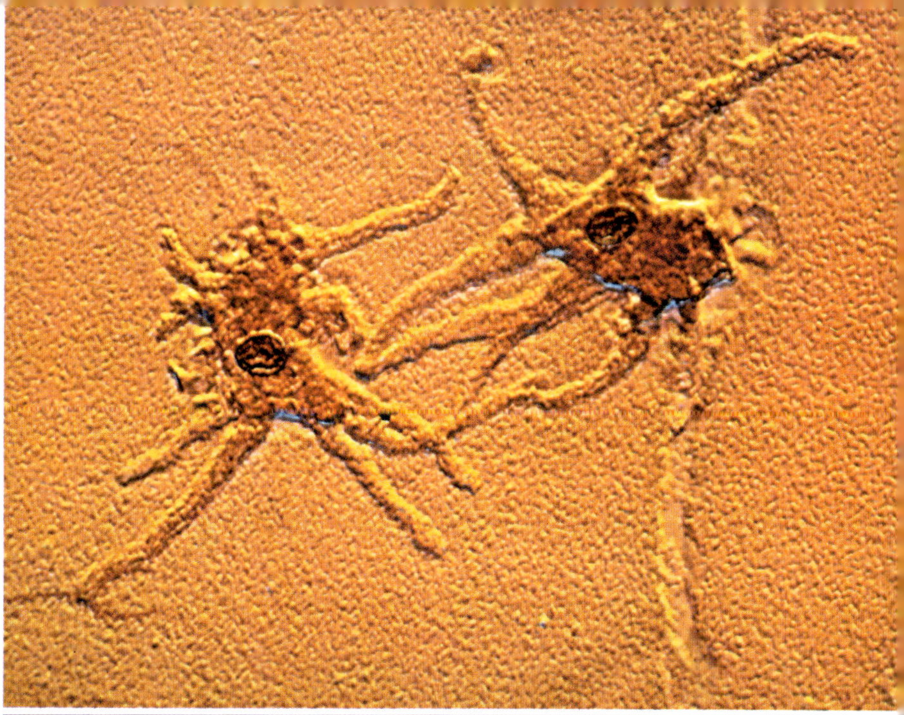

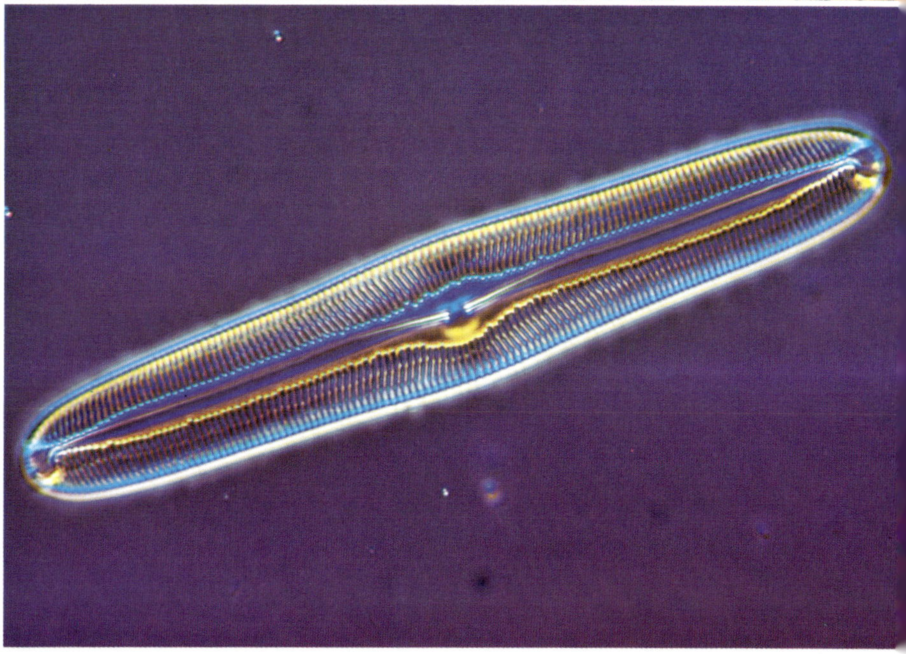

dem Wasser zu befreien. Aber völlig von diesem Element konnten sie sich nicht trennen. Die kleinen Amphibien, die wir heute kennen, sind bis auf wenige Ausnahmen noch immer davon abhängig. Ihre feine Haut, die nicht völlig wasserdicht ist, zwingt sie, in feuchten Gegenden zu bleiben, wenn sie nicht eintrocknen wollen. Um sich fortzupflanzen, sind fast alle dazu gezwungen, ins Wasser zu gehen, um dort ihre Eier zu legen. Da das Leben am Wasser optisch wie akustisch gleichermaßen interessant ist, kommt auch der Tonamateur auf seine Kosten.

Die Froschlurche (Anura), deren Ruderschwänze bei der Metamorphose resorbiert werden, zeichnen sich besonders durch ihren Gesang aus. Den Frühlingsreigen am Ufer des Teiches führen die Kröten an. Männliche Kröten verfügen über einen sehr starken Klammerreflex, der es ihnen ermöglicht, sich auf dem oft größeren Weibchen festzuhalten. In ihrem Eifer, eine Partnerin zu finden, vergreifen sich die Männchen gelegentlich. Es kann vorkommen, daß sich sieben oder acht Krötenmännchen fest umklammern. Wenn sie sich endlich entscheiden, diesen Wirrwarr aufzulösen, geben sie kurze grelle Laute von sich. Hat

Oben: Kriechende Amöben [400x] auf dem Bakterienschleier im Brackwasser. Sie verändern ständig ihre Gestalt.
Unten: Kieselalge aus dem Süßwasser [1000x]. Sie hat eine Schale aus Kieselsäure und besteht nur aus einer einzigen Zelle.

Zetopan Reichert-Mikroskop
Oberes Bild: [100x].
Unteres Bild: [250x].

Erdkröten (Bufo bufo) [1,3x]. Dieses Paar haben wir Anfang März in der Nähe eines Teiches entdeckt.

Abbildungsmaßstab: 1:6,66. 105-mm-Objektiv mit automatischem Zwischenring. Blende: 5,6. Belichtungszeit: 1/250 s. Beleuchtung: Tageslicht durchs Laubwerk am Spätnachmittag.

das Männchen ein Weibchen gefunden, umarmt es dieses mit seinen Vorderbeinen so fest wie möglich. Bis zur Zeit der Eiablage wird es nichts von seiner Partnerin trennen. Kröten haben eine äußere Befruchtung, zu der es dann kommt, wenn die Weibchen die Laichschnüre, die aus sehr vielen Einzeleiern bestehen und von einer gelatineartigen Hülle umgeben sind, absetzen. Diese Eier werden dann vom Samen des Männchens befruchtet.

Die Erdkröte hat ein sehr lautes Stimmorgan, das nicht zu überhören ist. Zwei Hautsäcke am Bauch dienen als Resonanzboden.

Die Tenöre des Teiches sind die Gras- und Laubfrösche. Wenn das Laubfroschmännchen seinen lauten rhythmischen Gesang anstimmt, bläht es die Schallblase an der Kehle auf. Das erinnert an die Blasen, die Kinder mit Kaugummi fabrizieren. Diese Schallblase ist ein wirksamer Resonanzraum, so daß man den Laubfrosch einen halben Kilometer weit hört.

Das Quaken des Wasserfrosches ist genauso unüberhörbar. Wasserfrösche haben an den Kopfseiten je eine größere Schallblase. An den unterschiedlichen Rufen kann der Kenner die einzelnen Froscharten unterscheiden.

Maskenball beim Wassermolch

Bei den Molchen, die zur Ordnung der Schwanzlurche (Urodela) gehören, vollzieht sich das Fortpflanzungsgeschehen völlig unter Wasser. Während der Zeit der Brautwerbung bleibt dem Männchen nur ein Mittel übrig, die Aufmerksamkeit des Weibchens auf sich zu lenken, nämlich sich einen prunkvollen Hochzeitsfrack «überzustreifen». Leider ist dieses Gewand genauso vergänglich wie schön. Kommt ein Molch in das Hochzeitskleid, so beginnt das mit dem Wachsen einer hohen gezahnten Rückenflosse, die wie ein Banner im Wind flattert. Bald darauf nimmt sein Bauch eine glänzende, meist orangegelbe Färbung an. Sein Schwanz verbreitert sich und verwandelt sich in ein prächtiges, starkes Schwimmorgan. Der Molch beginnt ein Balzspiel um das Weibchen, wobei er sich aufbäumt und sich selber mit dem Schwanz peitscht. (Der Fotograf kann diesen Tanz allerdings nur im Aquarium beobachten.) Dabei fächelt er dem Weibchen wahrscheinlich Duftstoffe zu, das bei ihm die Bereitschaft weckt, den Spermienträger

Eier einer Erdkröte [1,2x]. Die Laichschnüre zwischen den Wasserpflanzen können bis 3 m lang sein und aus 10 000 kleinen schwarzen Perlen bestehen. Jedes Ei entwickelt sich zu einer Kröte.

Aquariumaufnahme.
Abbildungsmaßstab: 1:2,85.
Makroobjektiv 55 mm.
Blende: 16.
Beleuchtung: Elektronenblitz plus zweites Blitzgerät, um den Hintergrund aufzuhellen.

Wasserfrosch (Rana esculenta) [4,5x]. Ein Elektronenblitz erlaubte diese Aufnahme, auf der das Männchen seine Schallblasen aus dem Spalt hinter dem Mundwinkel ausstülpt. Gegenlicht hebt die Feinheit des Hautgewebes dieser Schallblasen hervor.

Abbildungsmaßstab: 1:1,25.
Makroobjektiv 55 mm und Zwischenring.
Blende: 16–22.
Beleuchtung: Blitz von oben im Hintergrund.

(Spermatophor), den der Molch auf den Boden setzt, mit seiner Kloake aufzunehmen. Wie bei den Fröschen ist die Befruchtung eine äußere, allerdings ist sie bei den Molchen viel komplizierter.

Nach der Hochzeit verschwindet dieses prachtvolle Gewand allmählich und der Molch verwandelt sich wie Aschenbrödel nach Mitternacht wieder in ein ganz unscheinbares Geschöpf. Er verschwindet aus dem Wasser und versteckt sich unter irgendeinem bemoosten Ast, den er sich als Behausung ausgesucht hat.

Gelegenheitsbesucher

In der afrikanischen Savanne kann man oft beobachten, wie sich ganze Herden wilder Tiere zu bestimmten Stunden an Wasserstellen versammeln, um ihren täglichen Wasserbedarf zu decken. Die Anziehungskraft des Wassers ist aber nicht nur in diesen kärglichen Gegenden eine magische. Auch das Wasser des Teiches lockt auf seine Weise Scharen von Insekten an, die an seinen Ufern ihren Wasservorrat erneuern wollen: Wespen, Bienen oder Hummeln schwärmen um die Ufer, die uns manchmal wie große Flugplätze vorkommen, so voll ist der Luftraum. Einige dieser schönen Flieger wagen sogar eine Landung auf schwimmenden Gegenständen, um sich besser bedienen zu können.

Die üppige Flora der Teichufer übt auch eine starke Anziehungskraft auf bestäubende Insekten aus. Die gelben Kronen der Pappelblüten, die langen Trauben der Silberweiden und die dichten Pfefferminz-Beete sind verführerische Nektarquellen. Die Pappelblüten bieten sogar den Service, durch dunklere Nervengewebe, die am

Embryo eines Frosches im Ei [35x]. Kurz vor dem Ausschlüpfen sondert die junge Kaulquappe ein Sekret durchs Maul ab: diese Substanz löst die durchsichtige Hülle des Eis auf.

Aufnahme im Kleinaquarium. Abbildungsmaßstab: 4,5:1. Makroobjektiv 25 mm Photar und Balgengerät. Beleuchtung: Elektronenblitz, Streiflicht.

Bergmolch (Triturus alpestris) [2,6x]. Auf dem Bild trägt das Männchen noch sein prächtiges Hochzeitsgewand, das es nach der Paarung allmählich verliert.

Aquariumaufnahme.
Abbildungsmaßstab: 1:2,85.
Makroobjektiv 55 mm.
Blende: 16.
Beleuchtung: Elektronenblitz plus zweites Blitzgerät, um den Hintergrund aufzuhellen.

Grunde des Blütenkelches zusammentreffen, den Insekten den richtigen Weg zum Nektar zu weisen.

Nicht alle Pflanzen sind für Insekten harmlos. In unseren Gegenden kommen die insektenfressenden Pflanzen zwar selten vor, jedoch auf Torfmooren kann man z. B. den Rundblättrigen Sonnentau (Drosera rotundifolia) finden. An den Blättern dieser Pflanze befinden sich reizbare Drüsenhaare, die durch ein glitzerndes klebriges Sekret Insekten anlocken und sie in diesem verführerischen Tau begraben. Zahlreiche Tentakel beugen sich auf das Opfer, der Saum des Kelches faltet sich und sperrt das Insekt endgültig ein. Nach einigen Verdauungstagen entfaltet sich der Sonnentau von neuem, bereit die nächste Beute zu empfangen. Untersuchungen haben ergeben, daß diese Pflanze im Laufe des Sommers ungefähr zweitausend Insekten verzehrt.

Den kleinen Krebstieren, die im Süßwasser wohnen, bleiben solche Unannehmlichkeiten mit der Pflanzenwelt ebenfalls nicht erspart. Die Wasserschlauchgewächse (Utricula riaceae), die sich am Ufer von Quellbächen mit ihren gelben Blättern aufrichten, haben unter Wasser zu Fangglocken umgewandelte Blätter. Mit dem Mikroskop kann man schon bei

geringer Vergrößerung sehen, wie diese Fallen funktionieren. Berührt ein kleines Krebstier zufällig eine dieser Fangglocken, so wird es durch einen Wassersog in die Fangglocke hineingezogen, deren Öffnung sich durch eine Klappe verschließt. Der Mechanismus ist so perfekt, daß ein Entfliehen nicht möglich ist.

An der See

Die Fauna und Flora der Meeresküsten ist eine biologische Einheit, was der Makrofotograf immer bedenken sollte. Auf dem schmalen Küstenstreifen, wo Ebbe und Flut sich ständig abwechseln, leben ganz besondere Tiere, deren Leben dem ständigen Wechsel der Gezeiten angepaßt ist.

Statt am Ufer zu fotografieren . . .

Die Möglichkeiten an Ort und Stelle zu fotografieren, sind an der See ziemlich

begrenzt. Zuerst einmal kann man nur bei Ebbe arbeiten. Ferner suchen die Seetiere, die das zurückweichende Wasser zurückläßt, sofort ein Versteck, wo sie für ihr Überleben die notwendige Feuchtigkeit finden: Im Sand, unter den Steinen oder noch viel einfacher in ihren eigenen Schalen. Gewiß besteht die Möglichkeit, sie herauszulocken; man muß aber feststellen, daß sie bei Ebbe immer ziemlich schlecht aussehen. Die einzigen, die noch einigermaßen fotogen bleiben, sind die Krabben. Die sehr lebhaften Gespensterkrabben (Gattung Inachus) sind z. B. hervorragende Modelle.

Embryo eines Teichmolches (Triturus vulgaris) kurz vor dem Ausschlüpfen [15x]. Jedes Ei wurde vom Weibchen einzeln an die Blätter der Wasserpflanzen angeklebt.

Abbildungsmaßstab: 4:1.
Makroobjektiv 25 mm Photar.
Blende: 11.
Beleuchtung: Elektronenblitz seitlich gestellt, Streiflicht.

Mikroskopaufnahme von Kieselalgen im Seewasser [700x]. Die Kieselalgen sind winzige Gebilde und bestehen aus einer einzigen Zelle. Eine harte kieselsäurehaltige Hülle, die wie eine Dose mit Deckel aussieht, umgibt sie. Diese Mikroorganismen gibt es in einer unglaublichen Vielfalt von Formen. Ihre Farben und Verzierungen sind so zahlreich und nuanciert, daß sie als Testobjekte dienen können, um die optische Qualität der Objektive für Mikroskope zu testen. Die Hülle der Amphipleura pellucida beispielsweise hat rund 4 000 Querstreifen pro Millimeter. Da ist selbst das beste optische Mikroskop machtlos und nur ein geübter Beobachter ist in der Lage, solche kleinsten Feinheiten überhaupt zu unterscheiden.

Abbildungsmaßstab: 280:1.
Belichtungszeit: 1 s.
Glühlampe 100 W, 12 V.
Film: Kodachrome-Kunstlichtfilm.

Ganz anders die Szenen, die wir in den unzähligen Wasserlöchern am Strand aufnehmen können. In diesen natürlichen Aquarien haben kleine vielfältige Gemeinschaften einen Zufluchtsort gefunden, in dem sie unbehelligt bei Ebbe weiter leben können: Seeanemonen (Aktinien), Garnelen, Einsiedlerkrebse (Eupagurus bernhardus), auch Bernhardinerkrebse oder Eremiten genannt, kleine Schüsselschnecken, Krabben, Seepocken (Balanus balanoides) und dergleichen. Um sie zu fotografieren, muß man unbedingt ein Polarisationsfilter benutzen, um die Reflexe an der Wasseroberfläche aufzuheben. Aufpassen muß der Fotograf auch, daß er seine Modelle nicht in seinen eigenen Schatten stellt. An der See bedarf es gewisser Vorkehrungen für die sehr empfindliche fotografische Ausrüstung. Das Meeresklima greift sie sonst sehr schnell an. Die Gischt und die salzhaltige Atmosphäre sind genauso schädlich für Metall- wie für Glasteile. Sandkörner richten noch größere Schäden an, besonders auf der Frontlinse der Objektive oder beim Wechseln des Films, wenn sie in das Gehäuse eindringen und im schlimmsten Falle den Verschlußmechanismus außer Betrieb setzen. Es empfiehlt sich also, seine Ausrüstung mit einer dicht verschlossenen Plastiktüte zu schützen und sie erst herauszunehmen, wenn man zur Aufnahme bereit ist.

. . . lieber ins Aquarium

Aufnahmen von kleinen Meerestieren sind natürlich schöner, wenn diese Lebewesen in ihrem Biotop fotografiert werden. Die Makrofotografie unter Wasser ist mit einer Amateurausrüstung ausgeschlossen, da Auschnitt und Schärfe ganz präzis festgelegt werden müssen. Es bleibt uns also nichts anderes übrig, als ein Aquarium zu benutzen. Alle Nahaufnahmen von Meerestieren in diesem Buch sind auf diese Weise realisiert worden. Eine präzise Wiederherstellung des natürlichen Biotops des Tieres vermittelt den Eindruck, daß die Aufnahme unter dem Wasserspiegel belichtet sei. Tiere in Aquarien zeigen dem Beobachter bzw. Fotografen ihr wahres Gesicht, d. h. ihre natürliche Verhaltensweise. Die Kammuschel (Pecten maximus) bringt z. B., wenn sie sich öffnet, zahlreiche Tentakel am Mantelrand zum Vorschein. Zwischen diesen Tentakeln kann man sogar zwei Reihen blauer glänzender Augen wahrnehmen. Die Seeigel (Echinoiden) strecken auch in Gefangenschaft ihre zahllosen Füßchen unter dem schützenden Panzer hervor. Diese Beinchen benutzt der Seeigel neben den Stacheln zur Fortbewegung. Auf der Schale einer Muschel kann man ferner Seepocken (Balanus balanoides) oder Dreikantwürmer (Pomatoceros triqueter) in ihren röhrenförmigen Kalkgehäusen beobachten, wie sie, sobald sie sich im Wasser befinden, ihre zierlichen Atmungsorgane herausstrecken.

Um schöne Aufnahmen zu bekommen, ist es äußerst wichtig, das Aquarium mit möglichst sauberem Wasser zu füllen, das heißt, daß man nicht im Bereich der Brandung schöpfen sollte. Auf alle Fälle muß gefiltert werden. Dies tut man z. B. mittels eines Leinentuches, das nicht fuselt. Sand, Steine und Tang, die zur Bestückung des Aquariums gedacht sind, werden zuerst mit klarem Wasser gespült. Schließlich läßt man das Wasser etwa einen halben Tag lang stehen, damit sich alle festen Teilchen absetzen (siehe S. 139: Aufnahmen von Wassertieren).

Das Plankton

Mit dem Mikroskop schließlich kann man die Wunderwelt des im Wasser schwebenden Planktons entdecken.

Die mikroskopisch kleinen Pflanzen und Tiere lassen sich mit einem Kescher aus Seide oder Musselin fischen. Dafür braucht man nur den Kescher bei ruhigem Wasser hinter einem Kahn nachziehen. Nach einiger Zeit setzt sich am Grunde des Keschers ein mehr oder weniger feiner Brei ab, den man dann in ein mit Seewasser gefülltes Glas gibt. Auf diese Weise kann man eine Fülle von Mikroorganismen mit nach Hause nehmen; insbesondere Al-

gen, wie die prachtvollen Kieselalgen (Diatomeen) mit ihren wunderschönen verzierten kieselhaltigen Schalen; sowie kleine Krebstiere, Eier, Larven oder Kammerlinge (Foraminifera), kleine Lebewesen, die nur aus einer einzigen Zelle bestehen und in winzigen Kalkgehäusen leben.

Ähnliche «Ernten» können auch bei Ebbe eingebracht werden. Kieselalgen muß man in diesem Fall auf Muscheln – Miesmuscheln (Mytilus edulis) oder Austern (Ostrea edulis) – sammeln. Dabei braucht man nur die Schalen zu bürsten, und zwar über einem mit Seewasser gefüllten Behälter. Solche Mikroorganismen können auch auf braunen oder roten Algen beobachtet werden, wo sie eine bräunliche Kruste bilden.

Detail aus der Schuppe einer Seezunge [350x].

Mikroskopaufnahme.
Abbildungsmaßstab: 63:1.
Belichtungszeit: 1/15 s.
Film: Kodachrome-Kunstlichtfilm.

Der Wald

Der Wald ist der Ort, an dem die Pflanzen am besten gedeihen. In ihm sieht der Ökologe die fortgeschrittenste Entwicklungsstufe einer Gemeinschaft von Pflanzen und Tieren.

Die Höhe der Bäume – manchmal über 10 Meter – verleiht dem Wald ein typisches Gepräge. Dieses Streben nach oben, das dem Wald eigen ist, führt zu einer stufenweisen Anordnung der Pflanzen. Moos, Gras, Gebüsch und Baum bilden jeweils eine eigene Stufe. Diese vier Stufen fungieren zugleich wie vier aufeinanderfolgende Schutzschirme zwischen dem Boden und dem Gipfel des Waldes: Sie schützen gegen Regen und Wind, aber auch gegen die Sonne, d. h. gegen Hitze und Licht.

Der Wald ist also eine Welt, die auf jeder Stufe ein anderes Klima bietet, wobei die verschiedenen Tiere, die Wahl haben, das für sie adäquate Klima auszusuchen.

Diese dichte pflanzliche Hülle ist auch der beste Schutz gegen die Erosion. Amerikanische Forscher haben errechnet, daß Wind und Wasser in einem Waldgebiet hundervierundsiebzig Jahre brauchen, um eine Humusschicht von zwanzig Zentimetern auszuwaschen. In einer Gegend, wo Monokultur vorherrscht (z. B. Mais), brauchen sie dafür nur fünfzehn Jahre.

Schließlich wirkt der Wald auf die Atmosphäre durch Absorption von Kohlendioxid und Ausscheidung von großen Mengen Sauerstoff. Die Wälder sind die wichtigste Sauerstoffquelle der Erde. Man soll sie also nicht nur als bloße Holzlager betrachten.

Sicher ist es schwierig, sich vorzustellen, daß früher Spanien und Griechenland mit Wäldern bedeckt waren. Für uns rufen solche Länder nur Bilder von trockenen, ja dürren Landschaften hervor, wo die Vegetation kärglich und niedrig ist. Hier und noch anderswo hat der Mensch eine weitgehende Rodung der Wälder vorgenommen, für seine Herde Platz zu schaffen, seine Felder auszudehnen und das Holz auszunutzen.

Dieser Ausrottung der Wälder wurde vor kurzem Einhalt geboten – zumindest in den Ländern, wo dies langsam unheilvolle Konsequenzen mit sich brachte. In Europa z. B. sind nur noch 28 % des Bodens mit Wald bedeckt. In Kanada dehnen sich die Wälder noch auf 43 % des Landes aus. Der Rachen der Papierfabriken ist aber unersättlich!

Diese natürlichen Haine sind ferner von einer neuen Gefahr bedroht, nämlich von den künstlichen Wäldern. Heute wird zwar wieder aufgeforstet, wobei man aber nur Nadelbäume, die viel schneller wachsen, anpflanzt. Wenn dieser Trend weiter anhält, wird man morgen nur noch «künstliche» langweilige «Baumfelder» sehen: Fichten oder nebeneinanderstehende Tannen, die gar nichts gemeinsam haben mit dem Wäldern, die wir heute noch kennen, und in denen Tiere aller Art und duftende Plfanzen noch ein Obdach finden können.

Das Leben im Wechsel der Jahreszeiten

Der Einfluß der Jahreszeiten auf das Leben kann nirgendwo besser beobachtet werden als im Wald.

Der Winter ist eine Wartezeit; das Leben scheint stillzustehen. Aber der Schein trügt, denn die Bäume sind schon mit winzigen Knospen geschmückt, die nur darauf warten, aufzubrechen.

Die Aktivität des Makrofotografen beginnt schon beim Anbruch des Frühlings. Die ersten Blumen zwischen den niedrigen Gebüschen beeilen sich aufzublühen und Samen zu bilden, bevor

Frucht der Mistel (Viscum album) [7x]. Aus der durchsichtigen weißen Frucht fließt eine klebrige Substanz, die man früher zur Herstellung von Leim benutzte. Manche Vögel ernähren sich von diesen Früchten, wobei sie dann die Samen im Kot wieder absondern und somit die Fortpflanzung der Mistel gewährleisten. Die Mistel gedeiht u. a. auf Apfel- und Pappelbäumen. Sie ist ein Teilparasit, der nur Wasser und vielleicht im Wasser transportierte Substanzen aus der Wirtspflanze aufnimmt, aber selbst assimiliert.

Abbildungsmaßstab: 1,2:1.
Makroobjektiv 55 mm und Balgengerät.
Blende: 16.
Beleuchtung: Elektronenblitz von oben. Gegenlicht.

Gemeines Widertonmoos (Polytrichum commune) [15x]. Eine seidige Haube, die sich leicht abheben läßt, schützt die Sporenkapsel, die, wenn sie reif ist, zu Boden fällt. Diese Sporen lassen später eine neue Generation von Pflanzen entstehen.

Abbildungsmaßstab: 2,7:1.
Makroobjektiv 55 mm in Retro-Stellung und Balgengerät.
Blende: 22.
Beleuchtung: Elektronenblitz.

Grün-Farbstiche bei Aufnahmen im Wald mit Farbumkehrfilmen können durch komplementärfarbige Aufnahmekorrekturfilter ausgeglichen werden. In unserem Beispiel durch Kodak CC-10 M- oder CC-20 M-Filter.

die Blätter der Bäume die Sonne verdecken. Ganze Beete von Waldwindröschen (Anemone sylvestris) schmücken den Boden. Der Fotograf muß diesen Augenblick, in dem das Laub noch nicht so dicht ist, ausnutzen, um mit Tageslicht zu arbeiten. Später, wenn alle Knospen aufgebrochen sind, dringt ein Licht in den Wald, das ihm eine ganz besondere, typische Atmosphäre verleiht. Schatten und krasses Licht wechseln ständig, und dies kann dem Fotografen Schwierigkeiten machen und große Überraschungen bereiten. Die meisten Farbfilme sind nicht geeignet, starke Kontraste wiederzugeben, und wenn der Fotograf Motive im Schatten belichtet, kann die Empfindlichkeit des verwendeten Films nicht ausreichen. Deswegen ist es besser, vor einer Exkursion in den Wald ein Blitzgerät einzupacken, dessen Benutzung – zumindest für die Nahaufnahmen – bestimmt erforderlich wird. Derjenige, der sich auf ein Gewichtsminimum beschränken will, hat die Möglichkeit, Filme hoher Empfindlichkeit (100 bis 400 ASA) zu verwenden.

Wir weisen ferner darauf hin, daß das Licht, das durch das Laub bricht, nicht neutral ist, sondern farbig. Das Laub wirkt wie ein Grünfilter. Kein Wunder also, wenn Tageslichtaufnahmen Grünstich haben. Diese Farbdominante bewirkt allerdings einen besonderen Effekt, der nicht eines gewissen Reizes entbehrt, da sie die besondere Atmosphäre des Waldes widerspiegelt. Das Erwachen der Natur merkt man aber nicht nur an den Ästen der Bäume, die sich langsam schmükken, sondern auch am Boden. Die Samen fangen an zu keimen. Die Zeit der Keimung bietet dem Fotografen immer interessante Motive: Eicheln, Kastanien, Bucheckern öffnen sich, um Wurzeln zu schlagen und ihre Keime sprießen zu lassen. Farne (Filicinae), unter ihnen Hirschzungen (Phyllitis scolopendrium) und Engelsüß (Polypodium vulgare) – auch «gemeiner Tüpfelfarn» genannt –, streben nach dem Licht und entfalten ihre Blätter, deren Spitzen wie Schnecken zusammengerollt sind. Zu gleicher Zeit bilden die Moose dichte, weiche Polster, aus welchem bald die runden oder ovalen Sporenbehälter durchbrechen werden.

Im Spätsommer läßt das Wachstum nach, die ersten Blätter beginnen braun zu werden.

Schließlich fegt der Herbst die verdorrten Blätter weg. Überall schießen jetzt Pilze aus dem Boden: Boviste (Scleroderma) mit ihren rauhen Hüllen, auffallende Parasolpilze (Lepiota procera) mit geschupptem Hut oder zierliche Säulenflechten übersäen den Boden. Allerlei Farben und Formen stehen nebeneinander. In Buchenwäldern entdeckt man die Fliegenpilze (Amanita muscaria), deren scharlachrote weißgefleckte Hüte wie «Warnzeichen» leuchten, um so auf ihre Ungenießbarkeit hinzuweisen.

Keimende Kiefernsamen [2,5x]. Die Nacktsamigen Pflanzen (Gymnospermae) haben häufig mehrere Keimblätter, die auf dem unteren Bild schön zu erkennen sind.

Abbildungsmaßstab: 1:1,2 (unteres Bild 1:2,86). Makroobjektiv 55 mm. Blende 16. Beleuchtung: Elektronenblitz.

Parasiten und Pflanzenfresser

Sobald die neuen Blätter der Bäume sich entfaltet haben und den Wald mit jenen vergänglichen zarten grünen Nuancen des Frühlings getönt haben, die auf das Erwachen der Natur hindeuteten, stürzt sich eine Menge kleiner Tiere auf dieses junge, frische Grün, das sie so leicht zerfetzen kann.

Kurz nach diesem Angriff bekommen die Blätter einen seltsamen Ausschlag, der je nach der Art der Insekten und Pflanzen in Form und Farbe verschieden aussieht. Es handelt sich nicht um irgendeine Krankheit, sondern um Gallen, auch Cecidien genannt, in denen winzige Insektenlarven oder Milben wohnen. Durch die Absonderung einer chemischen Substanz verursachen diese Larven, die aus Eiern hervorgegangen sind, die in das Blattgewebe abgelegt worden waren, eine Veränderung der Blätter. Diese Wucherungen bieten ihnen zugleich Kost und Logis. Jede Pflanze lockt einen besonderen Typ von Parasiten an. An Lindenblättern gedeiht eine Art der Gallenmilben (Tetrapodili), die mit den Spinnen verwandt ist. Buchenblätter sind oft mit rotbräunlichen Gallen bedeckt, die bis zur Größe von Orangenkernen anschwellen können. Diese Blattgallen verursachen die Larven des Buchenspringkäfers (Rhynchaenus fagi). Die Eichen dagegen haben das traurige Privileg, gleich von dreißig verschiedenen gallbildenden Insekten bevorzugt zu werden.

Mistelknospe [6,5x].

Abbildungsmaßstab: 1,2:1.
Makroobjektiv 55 mm und Balgengerät.
Blende: 22.
Beleuchtung: Elektronenblitz.
Hintergrund in einer Entfernung von etwa 70 cm und durch ein zweites Blitzgerät aufgehellt.

Die Verkrüppelung der Blätter kann aber auch andere Ursachen haben: Manche Raupen, wie die der Spanner, die zur Familie der Geometridae gehören, verstecken sich zwischen zwei Blättern, die sie mit Spinnfäden zusammengenäht haben. Der Birkenblattroller (Deporaus betulae), ein kleiner schwarzer Rüsselkäfer, verbirgt sich in einem Blatt, das er zu einer Tüte zusammengerollt hat und in die er seine Eier legt. Die ausgeschlüpften Larven ernähren sich dann von diesem Gehäuse. Die Gallwespen (Cynipidae) greifen lieber Obstbäume an. Mit seinem riesig langen Rüssel nagt das Weibchen einen Gang in das Fleisch von Eicheln, Nüssen oder Kastanien bis zu einer gewissen Tiefe. Dann kehrt es um und legt ein einziges Ei in die Öffnung des Ganges. Zu diesem Zweck benutzt es Legestachel (Ovipositor) am Hinterleib. Wenn die Larve aus dem Ei schlüpft, ist der Tisch bereits gedeckt!

Größere Schäden verursachen die Maikäfer (Gattung Melolontha), die sich je nach Entwicklungsstadium ihre Nahrung in zwei Bereichen der Natur suchen. Im Larvenstadium, man nennt sie dann Engerlinge, leben sie drei Jahre im Boden, wo sie sich von Wurzeln ernähren. Nach der Verpuppung – im Mai/Juni – schwärmen die Käfer einen Monat lang um die Baumkronen. Diese kurze Zeit reicht ihnen aber, um ganze Bäume kahlzufressen.

Die Raupen des Mondvogels (Phalera bucephala) übertreffen aber den Maikäfer mit ihrer planmäßigen Zer-

Eschenknospe [12x]. Die Knospen, die bereits zu Sommeranfang da sind, «schlafen» den Winter über, um dann im Frühjahr auszuschlagen.

Abbildungsmaßstab: 1,25:1.
Makroobjektiv 55 mm.
Blende: 16–22.
Beleuchtung: Blitz über dem Motiv, Aufhellschirm darunter.

Eichenkugelroller (Attelabus nitens) [13x]. Mit dem Rüssel bohrt das Weibchen eine Röhre in das Fleisch der Eichel; dann dreht es sich um und legt ein einziges Ei hinein.

Abbildungsmaßstab: 1,7:1. Makroobjektiv 55 mm in Retro-Stellung und Balgengerät. Blende: 22. Beleuchtung: Elektronenblitz plus Aufhellschirm.

störung der Bäume. Vom Ausschlüpfen bis zur letzten Häutung leben diese Raupen auf Laubbäumen, wo sie sich tagsüber in ihren Gespinsten aufhalten. Bei anbrechender Dämmerung schlüpfen sie aus ihren weißen Pölsterchen, die sie zwischen den Zweigen befestigt haben, und kriechen in ganzen Karawanen auf die Blätter, die sie bald weggefressen haben. In der Frühe kann man manchmal noch den letzten Nachzüglern begegnen, wenn sie sich nach der langen Wandernacht in ihre Schlupflöcher zurück begeben. Hintereinander wie lange Züge stützen sie sich auf eine seidene Schiene, zu deren Bildung jede Raupe beim Herauskriechen aus dem Gespinst beigetragen hat. Ein guter Rat: Sie sollten den schönen Pelz dieser Raupen nicht berühren. Die Schmerzen, die Ihnen eine Brennessel zufügt, sind eine Lappalie im Vergleich zu dem, was Sie dabei ertragen müssen. Die langen Borsten der Raupe wirken wie kleine Nägel, die in der Haut stecken bleiben, wobei sie brennende Substanzen absondern. Der Schmerz tritt nicht sofort ein, dauert aber ziemlich lange.

Die Fleischfresser

Die Beschreibung der Insekten, die über die Wälder herfallen, macht uns zwar Sorgen um deren Zukunft; doch gilt andererseits, daß diese Parasiten oder Pflanzenfresser sich nicht nach

der Art und Weise, wie sie sich gegen Störenfriede wehren: Beide sondern eine ätzende Flüssigkeit aus dem Hinterleib ab, die ihnen gehörigen Respekt verschafft. Auch der Fotograf muß zahlreiche Schwierigkeiten überwinden, bevor er sie aufnehmen kann. Diese Insekten sind in der Tat, wie ihr Name es schon ahnen läßt, unermüdliche Läufer. Um sie bei ihrem Rennen aufzuhalten, gibt es nur ein Mittel: Ihnen eine verlockende Beute anzubieten, sei es eine Raupe, ein Regenwurm

Belieben vermehren können. Ihr Bestand wird durch die Insektenfresser beschränkt: zahlreiche Vögel einerseits, aber auch bestimmte Insekten, die oftmals für den Fotografen reizvoll sind.

Der Puppenräuber (Calosoma sycophanta), ein Käfer mit blaugrün und golden schimmernden breiten Flügeln, richtet nicht selten ein Blutbad unter den Wanderraupen an. Mit ihm wetteifern die Käfer der Gattung Carabus, z. B. Goldlaufkäfer (Carabus auratus), Körniger Laufkäfer (Carabus granulatus), Hainlaufkäfer (Carabus nemoralisi) und die Grabkäfer (Gattung Pterostichus). Puppenkäfer und Laufkäfer ähneln sich aber nicht nur im Fressen, sondern auch in der Schönheit und in

oder eine Schnecke. Ferner ist es nicht ganz einfach, die reizenden Farben ihrer Flügel so aufzunehmen, daß sie richtig zur Geltung kommen. Die meisten dieser Käfer besitzen schön skulpturierte Deckflügel mit Mustern aus Rippen und Vertiefungen, deren mikroskopischen Strukturen schillernde Farbeffekte erzeugen, vergleichbar mit Seifenblasen, die in den Spektralfarben erstrahlen. Bei dem äußerst direkten Licht eines Elektronenblitzgerätes kommt diese Farbenpracht meist nicht zur vollen Entfaltung, da das gerichtete Licht zu starke Glanzlichter und Schatten verursacht. Um solche Wirkungen zu vermeiden, muß man vor dem Sichtfenster des Blitzgerätes einen Diffusor ansetzen.

Maikäfer (Melolontha melolontha) [7x]. Die Fühler der Insekten erfüllen verschiedene Funktionen und haben je nach Insektenart verschiedene Gestalt. Die Fühler des Maikäfers bestehen aus Lamellen, die sich wie ein Fächer zusammenfalten können.

Abbildungsmaßstab: 1,8:1.
Makroobjektiv 55 mm in Retrostellung und Balgengerät.
Blende: 16.
Beleuchtung: Elektronenblitz.

Feldwespe (Polistes gallicus) [4x] bei der Versorgung ihrer Eier. Ihr Nest hat sie in den Stamm einer Eiche geheftet. Die ersten Waben hat sie allein gebaut, um die Eier zu legen. Bald wird eine Kolonie von Arbeiterinnen ausschlüpfen . . .

Abbildungsmaßstab: 1:2.
Makroobjektiv 55 mm.
Belichtungszeit: 1/60 s.
Beleuchtung: Tageslicht.
Film: Ektachrome 64.

Die Saftsauger

Wir haben uns bis jetzt auf die Beschreibung relativ kleiner Insekten beschränkt. Dem Fotografen, der aber größeren Tieren begegnen möchte, raten wir, sein Revier in den Wald zu verlagern.

Dort ist Europas größter Käfer, der Hirschkäfer (Lucanus cervus) heimisch. Manche Männchen erreichen eine Länge bis zu acht Zentimetern. Diese Käfer haben ihren Namen von ihren gewaltigen geweihförmigen Zangen. Diese Bezeichnung trifft aber im Grunde nur auf die Männchen zu, die – wie die edlen Hirsche unserer Wälder – dieses «Geweih» als Waffe im Kampf mit ihresgleichen benutzen. Das Weibchen des Hirschkäfers ist deutlich kleiner. Die Zangen des Männchens sind in Wirklichkeit nur übergroße Kiefer, deren Wirksamkeit im Grunde nur auf ihrer eindrucksvollen Erscheinung beruht. Das kann man sehr leicht feststellen, wenn man sich von diesen gigantischen Zangen in den Finger zwicken läßt. Wenn Hirschkäfermännchen miteinander kämpfen, ist die Verletzungsgefahr äußerst gering. Der gefährlich anmutende Kampf hat einzig und allein den Zweck, den Sieger festzustellen, der dann das Weibchen bekommt.

Geht man in der Abenddämmerung durch den Wald, so kann man einen anderen flugfähigen großen Käfer umherfliegen sehen. Man nennt ihn Riesenbock, Heldbock, Spießbock oder Großer Eichenbock (Cerambyx cerdo). Dieser Käfer ist – ohne Fühler gemessen – etwa 5 cm lang. Diese Größe, die auffallenden, überkörperlangen Fühler, die dem Riesenbock eine teuflische Gestalt verleihen, und ger, laut surrender Flug macht es einem leicht, sie zu entdecken und sie bei der Landung gleich einzufangen.

Dem Hirschkäfer begegnet man im Juni/Juli. Tagsüber bleibt er versteckt auf Bäumen. Die schwarze Farbe seines Panzers hilft ihm bei der Tarnung. Auf Bäumen findet der Hirschkäfer seine Nahrung: Säfte, die aus Borkenwunden sickern. Wenn der Tag sich neigt, gehen die Männchen auf Suche nach einem Weibchen. Ihr schwerfälli-

Links: Zwei Wespen [4x], die miteinander durch Berührung ihrer Fühler kommunizieren.

Abbildungsmaßstab: 1:1.
Brennweite: 105 mm und Balgengerät.
Blende: 22.
Beleuchtung: Elektronenblitz.

Unten: Larve einer Feldwespe in einer Wabe [4,5x].

Abbildungsmaßstab: 1,4:1.
Brennweite: 55 mm und Balgengerät.
Blende: 22.
Beleuchtung: Elektronenblitz.

Große Zikade aus der Provence (Cicadella) [1,2x]. Es ist ziemlich schwierig, sich ihr zu nähern, da ihre scharfen Augen jede Bewegung wahrnehmen. Lärm dagegen scheint sie nicht zu stören, wie der Entomologe J. H. Fabre festgestellt hat. Man kann sogar Schüsse abfeuern, ohne sie aus dem Konzept zu bringen.

Abbildungsmaßstab: 1:2,22.
Brennweite: 55 mm.
Blende: 22.
Beleuchtung: Elektronenblitz.

das Brummen, das er beim Fliegen erzeugt, sind aber kein Grund, vor diesem friedlichen Insekt zu erschrecken.

In Südeuropa leben besonders viele Zikaden. Sie ernähren sich von Pflanzensäften. Dazu besitzen sie viel praktischere Mundwerkzeuge als die Hirschkäfer. Die Zikaden verfügen – wie ihre Verwandten, die Blattläuse – über einen langen Saugrüssel, den sie in die Pflanzenrinde einstechen. Im Sommer erfüllen die Zikaden – d. h. die Männchen, denn die Weibchen sind stumm – die sonnige Landschaft Südeuropas mit ihrem Gesang. Sie zu hören ist allerdings viel einfacher als sie zu sehen. Interessant sind die Zikaden vor allem wegen dieses Gesangs. Wenn der Fotograf sie aber unbedingt abbilden will, muß er vorsichtig zu Werke gehen. Zuerst muß er ganz genau lokalisieren, woher die Musik kommt – was nicht besonders leicht ist, da die Zikaden begeisterte Chorsänger sind. Hat er die Musikantin trotz aller Schwierigkeiten endlich entdeckt, muß er oft eine Leiter benutzen, da sie sich meistens auf hohen Bäumen aufhalten.

Waldschmetterlinge

Als Sonnenanbeter sind die Schmetterlinge im Wald ziemlich rar. Einige unter ihnen, die zur Familie der Augenfalter (Satyridae) gehören, weisen jedoch eine Vorliebe für das schattige Unterholz auf; daher ihre lateinische Bezeichnung.

Der Silberstrich oder Kaisermantel (Argynnis paphia), der Große Eisvogel (Limenitis populi), der Trauermantel (Vanessa antiopa) fallen sofort auf, wenn sie in ungestümem Flug mit ihren braunen flatternden Flügeln die Bäume umschweben. Ihre Geschicklichkeit, sich im Nu zu verstecken, verblüfft uns immer wieder. Als Experten in der Tarnung besuchen diese Schmetterlinge nur selten die wohlriechenden Blüten des Waldes, dafür aber gerne faulende Früchte und blutende Baumstämme, um den ausfließenden Baumsaft aufzusaugen. Mit zusammengefaltenen Flügeln unterscheiden sie sich kaum noch von der Rinde: Ihre Tarnung ist nahezu perfekt.

Die geheimnisvolle Anziehungskraft des Waldes wirkt aber besonders auf die Nachtfalter, die sich tagsüber auf den Baumwipfeln verbergen, schlafen und erst bei Nacht aufleben.

Das beste Mittel, sie herauszulokken, ist zweifellos das Licht. Dafür braucht man eine starke elektrische Lampe (250 W) und ein weißes Tuch, das man auf einen Holzrahmen gespannt hat. Die Nachtfalter schweben dann bald aus den Baumwipfeln hernieder und stürzen sich auf das weiße Tuch. Der Vorteil dabei ist, daß sich die Falter nicht an der Lampe verbrennen können. Dabei sind sie keiner magischen Kraft, sondern einfach ihrem Orientierungssinn gefolgt. Die Nacht-

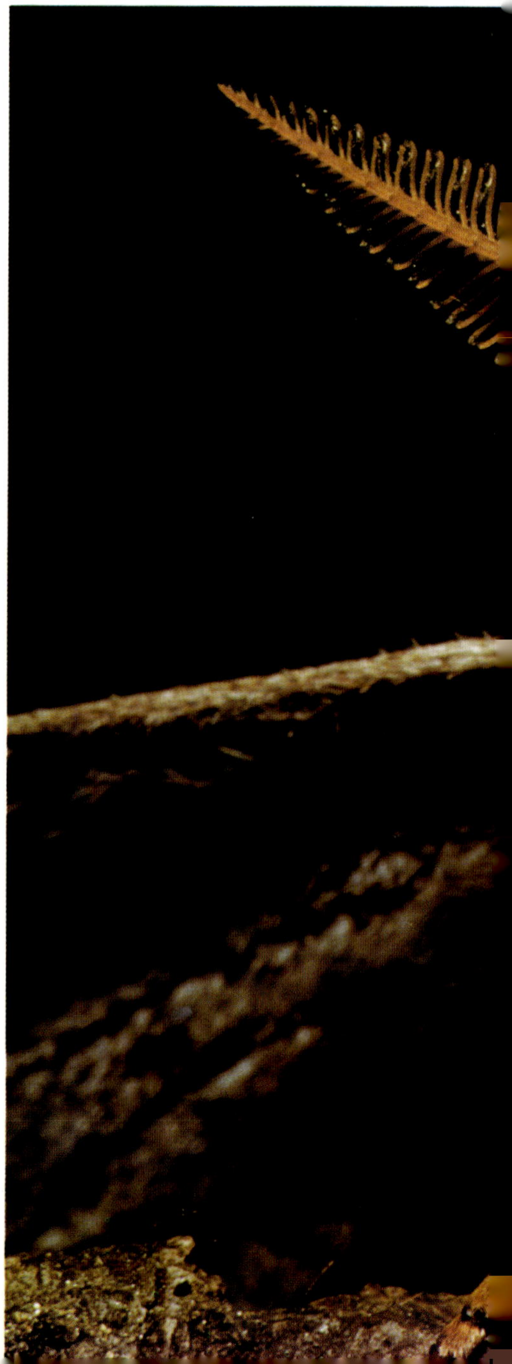

falter fliegen nämlich immer so, daß sie den Mond unter einem bestimmten Winkel wahrnehmen. Eine Birne, die genug Licht ausstrahlt, kann den Mond sehr gut ersetzen. Da der Abstand zwischen dieser Birne und den Faltern ziemlich gering ist, müssen sie ihre Flugbahn ständig wechseln – daher ihr spiralartiger Flug –, wobei sie zwangsläufig auf dem falschen «Mond» landen.

Dreizack- oder Graseule (Cerapteryx graminis) [7x]. Das Männchen trägt breite stark gefächerte Fühler, mit denen es den Geruch des Weibchens auf 10 Kilometer Entfernung wittern kann!

Abbildungsmaßstab: 1:1,11.
Makroobjektiv 55 mm und Zwischenring.
Blende: 22.
Beleuchtung: Blitz direkt über dem Motiv.

Unter alten Baumstämmen

Auch ausgetrocknete oder verfaulte Zweige am Boden verbergen eine üppige, interessante Kleintierwelt.

Bricht oder schneidet man einen verfaulten Zweig ab, so kann man oft die Gänge holzfressender Insekten oder Insektenlarven entdecken, die dabei sind, mit kräftigen Kiefern das Holzgewebe zu zerfetzen, wie die riesige Larve des Hirschkäfers, die sich vor der Entpuppung vier oder fünf Jahre lang von altem Eichenholz ernährt.

Unter der Borkenrinde alter Äste entdeckt man oft ganze Kolonien kleiner Lebewesen, die in diesen feuchten dunklen Orten einen Unterschlupf gefunden haben: Asseln (Isopoda), Ohrwürmer (Dermaptera), Tausendfüßler (Diplopoda) und dergleichen.

Schließlich, wenn man die Zweige am Boden vorsichtig umdreht, kann man Tiere entdecken, die sich nur nachts auf die Jagd begeben und sich tagsüber unter vermodertem Holz verstecken: Laufkäfer mit ihren glänzenden Panzern oder wunderschöne gefleckte Feuersalamander (Salamandra salamandra), deren prachtvolle Livree sofort ins Auge fällt.

Das schwarze, mit grellen gelben Flecken gesprenkelte Gewand dieses Lurchs, der unterschwellig an giftige Pilze erinnert, trug nicht zuletzt dazu bei, diesem in Wirklichkeit sehr friedlichen Tier tausend böse Absichten zuzuschreiben. Hier heißt es, daß sein Biß tödlich ist; dort, daß eine einfache Berührung schon verhängnisvolle Konsequenzen mit sich bringt. Zwar steckt ein Körnchen Wahrheit in diesen Glauben: Der Feuersalamander erzeugt tatsächlich in Hautdrüsen Gift; es ist jedoch nur gefährlich, wenn man es ins Blut injiziert oder Schleimhäute damit berührt. Diese Substanzen sind nur auf der Haut des Salamanders vorhanden. Es ist also absolut ungefährlich, einen Salamander in der Hand zu halten, wenn man dabei vermeidet, dieses Sekret mit den Fingern auf die Augenlider zu übertragen, was zu einer vorübergehenden Entzündung führen würde.

Feuersalamander (Salamandra salamandra) [4x]. Um sich gegen die Trockenheit zu schützen, versteckt sich der Salamander tagsüber unter alten Baumstämmen.

Abbildungsmaßstab: 1:1,33.
Makroobjektiv 55 mm mit automatischem Zwischenring.
Blende: 11.
Beleuchtung: Elektronenblitz.

Wir möchten Sie als Naturfreunde schließlich darum bitten, die Zweige und Gesteine, die sie vorher umgedreht hatten, in ihre ursprüngliche Lage zurückzusetzen, denn sonst wäre eine Fülle von Tieren, Larven und Eiern, die an der Entwicklung des Waldes aktiv teilnimmt, zum Tode verurteilt.

Die Insekten-Gesellschaft

Achtzig Prozent der Tiere, die den Wald bewohnen, sind Insekten. Zahlenmäßig stehen die Ameisen auf dem ersten Platz.

Die gewaltigen Kuppeln aus Tannennadeln, die die Roten Waldameisen (Formica rufa) errichten, können manchmal über ein Meter fünfzig hoch sein. In diesen Ameisenhaufen leben zwei bis drei Millionen Lebewesen, die überall in einem Labyrinth von langen Gängen wimmeln. Ein solcher Wirrwarr könnte den Fotografen leicht entmutigen, wenn er jedoch mit einem Elektronenblitzgerät arbeitet, bekommt er von diesen stürmischen, wilden kleinen Insekten aufgrund der extrem kurzen Leuchtdauer solcher Blitzgeräte auch scharfe Bilder. Die Winzigkeit der Ameisen verlangt ein Maximum an Schärfentiefe, wobei sich ein Blitzgerät als vorteilhaft erweist, da seine Verwendung kleine Blenden erlaubt. Dem Fotografen wird es leicht fallen, die Arbeiterinnen zwischen den anderen Ameisen zu unterscheiden. Man erkennt sie sehr leicht, denn sie sind ständig beschäftigt, Halme, Zweige oder tote Insekten, manchmal größer und schwerer als sie selbst, nach Hause zu tragen (1 Kilo Insekten, darunter insbesondere Raupen, wird so täglich zum Ameisenhaufen gebracht). Wenn man die Rote Ameise stört, nimmt sie eine merkwürdige Verteidigungshaltung ein: Mit gespreizten Kiefern und dem Abdomen nach oben gebeugt bereitet sie sich vor, den Eindringling mit der sogenannten Ameisensäure zu bespritzen.

Die Schwarzen Wiesenameisen (Lasius niger) und die Gelben Wiesenameisen (Lasius flavus) bauen ihre Nester lieber unter Steinen. Hat man einen Ameisenhaufen entdeckt, empfiehlt es sich, die Steine sofort wieder an ihren Platz zu stellen, solange man nicht zur Aufnahme bereit ist. Dann dreht man die Steinplatte sehr schnell und macht so viel Aufnahmen wie möglich, bevor die Arbeiterinnen mit den weißen Larven in die unterirdischen Gängen verschwinden.

Wespen und Hornissen sind auf Grund ihrer Größe leichter zu fotografieren als die kleinen Ameisen. Vorsicht ist aber geboten, denn diese Insekten können stechen: Eine Eigenschaft, die sie allerdings mit den Roten Knotenameisen (Myrmica rubra) teilen, die mit ihren Stacheln heftige Schmerzen zufügen können. Überflüssige Schmerzen können Sie vermeiden, wenn Sie eine Art Imkerausrüstung tragen – Lederhandschuhe und einen Hut mit Gesichtsschleier. Auch hektische Bewegungen sollte man vermeiden. Schließlich empfehlen wir ein Teleobjektiv, um eine ausreichende Distanz vor der Gefahr zu halten. Hornissen gegenüber müssen Sie sehr wachsam sein; ihre Stiche sind nicht nur schmerzhaft, sondern auch lebensgefährlich. Außerdem ist die Arbeit des Fotografen mit solchen Insekten nicht leicht, da sie oft sehr gut versteckt sind – z. B. in hohlen Baumstämmen. Versucht der Fotograf sie herauszulocken, läuft er Gefahr, sie zu ärgern.

Die Feldwespen (Gattung Polistes) sind sehr interessant, da sie hüllenlose Waben bauen. Ein idealer Fall für den Fotografen, der das Leben der Kolonie leicht aufnehmen und sogar beobachten kann, wie die Arbeiterinnen die Eier versorgen.

Ameise [3,8x]. Diese Ameise melkt gerade eine Blattlaus. Zu diesem Zweck tätschelt sie den Hinterleib der Blattlaus mit ihren Fühlern. Die Blattlaus sondert dann eine zuckrige Substanz ab, eine göttliche Speise für die Ameise! Zahlreiche Ameisenarten züchten die Blattläuse in ihrem Ameisenhaufen. Zu diesem Zweck werden «Ställe» gebaut, entweder neben einem Grasgebüsch oder sogar unterirdisch im Ameisenhaufen selbst. Sie sorgen auch dafür, daß genügend lebende Pflanzen, von denen sich die Blattläuse mit Hilfe ihre Saugrüssels ernähren können, diese «Ställe» umgeben, und gleichzeitig verteidigen sie ihren «Viehbestand» gegen Angreifer. Die Ameisen sorgen auch für Sauberkeit in diesen Unterkünften und betreuen die Neugeborenen. Manchmal kommt es ihretwegen sogar zum Krieg zwischen zwei Ameisenvölkern.

Abbildungsmaßstab: 1,4:1.
Makroobjektiv 55 mm und Balgengerät.
Blende: 16–22.
Beleuchtung: Elektronenblitz.

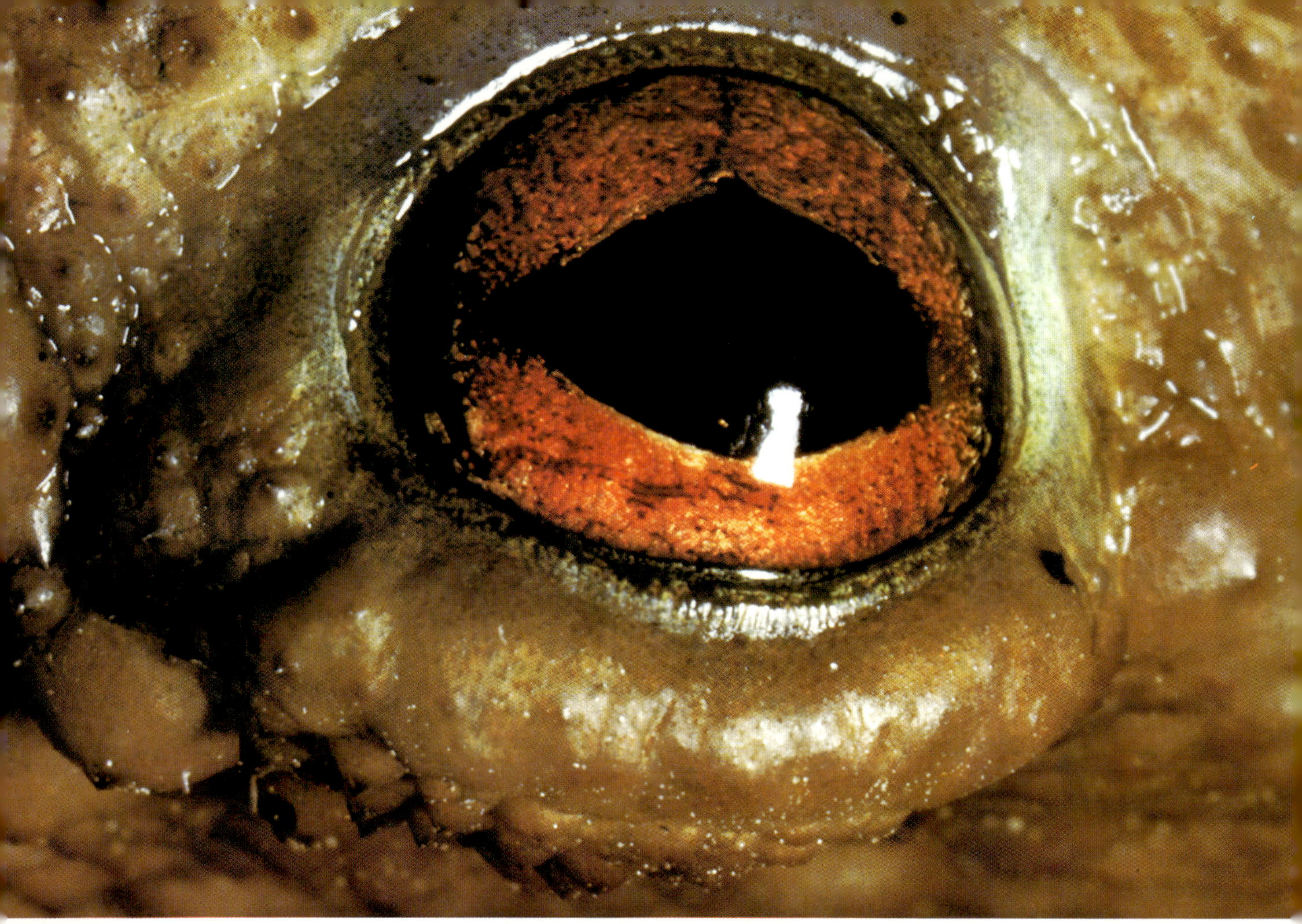

Das «Tierlaboratorium»

Als «Tierlaboratorium» bezeichnete der berühmte französische Entomologe Jean Henri Fabre in seinem Werk «Entomologische Erinnerungen», sein Arbeitszimmer leicht ironisch. Der schlichte und bescheidene Raum erinnerte auch tatsächlich mehr an eine Küche oder an ein Bastelzimmer als an ein wissenschaftliches Labor mit kostspieligen Instrumenten. Das einzige Werkzeug, über welches Fabre verfügte, um sein mehr als 4000 Seiten umfassendes Werk zu schreiben, war ein Tisch, überfüllt mit Retorten, Gläsern und Glasglocken.

Der naturwissenschaftliche Fotograf kann also zufrieden sein, wenn sein «Labor» sich auf eine Zimmerecke beschränkt, in der er auf Regalen seine Aquarien und Terrarien unterbringen muß. Zwei Böcke und ein Brett von zirka 1x2 Metern vervollständigen seine Ausrüstung, die ihm spektakuläre Aufnahmen ermöglicht!

Die Züchtung

Wiesen, Teiche und Wälder bieten dem Spaziergänger immer wieder Gelegenheit, schöne und seltene Motive zu fotografieren. Wozu braucht man also ein Labor? Wozu sammelt man diese Tiere? Wozu züchtet man sie? Was für Vorteile zieht man denn aus solchen Beobachtungen?

Manche Abschnitte des Tierlebens sind oft sehr flüchtig und sie an Ort und Stelle einzufangen, ist selten möglich. Die Verwandlung der Raupe in eine Stürzpuppe geht z. B. so schnell vonstatten, daß der Fotograf schon auf diesen Augenblick gefaßt sein muß: Am Rücken reißt die Raupenhaut auf und wird durch ruckartige Bewegungen abgestreift, ausgezogen; zum Vorschein kommt die Puppe. Um das Herauskriechen des fertigen Schmetterlings aus dieser Puppe zu beobachten oder die Verwandlung einer Larve in eine zierliche Libelle, muß man diese Tiere ebenfalls zu Hause zur Verfügung haben. Diese Vorgänge dauern meistens nur ein paar Minuten. Will man ihnen beiwohnen und die Entwicklung der kleinen Insekten Tag für Tag verfolgen, um die ersten Anzeichen der Verwandlung wahrzunehmen, muß man diese Tiere züchten.

Um gute «Portraits» von Nattern, Eidechsen, Fröschen und Insekten zu bekommen, müssen Ausschnitt und Schärfe der Aufnahmen sehr präzis eingestellt werden. Diese höchste Präzision ist aber nur in einem Studio möglich. Außerdem sind die Tiere nach einigen Tagen Aufenthalt im «Vivarium» mehr oder weniger gezähmt und zumindest nicht mehr so zur Flucht geneigt wie frisch gefangene. Wenn Sie ihr natürliches Verhalten berücksichtigen, werden Sie sehr bald gute Aufnahmen bekommen.

Manche sehr scheuen Tiere, die sich in der Natur sogar aus weiterer Entfernung nicht fotografieren lassen, zeigen nach einigen Tagen in Ihrem «Gefängnis» keinen Widerstand mehr. Der Waldsandläufer (Cicindela silvatica), einer dieser kleinen Käfer, die uns auf sonnigen Waldwegen oft begegnen und unsere Blicke durch ihre bezaubernden metallischen Farben fesseln, ist ein hervorragendes Beispiel für eine solche Zähmbarkeit. Um solche Insekten einzufangen, brauchen Sie unbedingt ein Schmetterlingsnetz. Zwar bleiben sie noch eine Zeit lang äußerst unruhig, aber im Studio können Sie sie bald in Ruhe fotografieren.

Schließlich sind Aufnahmen von Tieren, die im Wasser leben, nur mittels eines Aquariums möglich.

Die manchmal wunderschönen Augen der Amphibien können Beuteobjekte nur dann wahrnehmen, wenn diese sich bewegen. Die unbewegliche Umgebung ist für sie wie eine schwarze Tafel. Die kleinen Insekten, gewöhnliche Beute der Frösche und Kröten, heben sich somit im Auge der Amphibien vom dunklen Hintergrund ab.

Oben: Auge einer Geburtshelferkröte (Alytes abstetricans) [20x].

Abbildungsmaßstab: 3,6:1.
Makroobjektiv 24 mm und Balgengerät.
Blende: 11.
Beleuchtung: Elektronenblitz.

Unten: Auge einer Erdkröte (Bufo bufo) [13x].

Abbildungsmaßstab: 2,4:1.
Makroobjektiv 55 mm in Retro-Stellung.
Blende: 22.
Beleuchtung: Elektronenblitz.

Eier eines Kohlweißlings (Gattung Pieris) auf einem Kohlblatt [14x]. Beim Ausschlüpfen fressen die Raupen zunächst ihre eigene Hülle und machen dann gleich mit dem Kohlblatt weiter, dessen Rippen sie sorgfältig aussparen.

Abbildungsmaßstab: 3,5:1.
Objektiv 55 mm in Retro-Stellung und Balgengerät.
Blende: 22.
Beleuchtung: Elektronenblitz.

Insekten

Beispiel: Züchtung eines Kohlweißlings (Pieris brassicae).

Man beginnt zunächst einfach damit, Eier oder Raupen zu sammeln. Diese Eier sehen wie kleine hellgelbe Perlen aus, die dicht aneinandergereiht auf der Unterseite von Kohlblättern festkleben. Um sie zu ernähren, braucht man nur einen Kohlkopf auf dem Markt zu kaufen und einige Blätter davon wie Blumen ins Wasser zu stecken, damit sie nicht sofort verwelken. Es ist auch darauf zu achten, daß die Raupen später ständig frisches Futter erhalten.

Ungefähr drei Wochen nach dem Ausschlüpfen bereiten sich die Raupen auf die Verpuppung vor. Vor Ablauf dieser Frist sollte man sie in einen Käfig einsperren, um jeden Fluchtversuch zu vereiteln (siehe Seite 138, Zeichnung des Käfigs). Borkenrinde oder Zweige im Käfig dienen den Puppen später als Stütze.

Kurz vor der Verpuppung hört die Raupe zu fressen auf und läuft unruhig im Käfig umher auf der Suche nach einer Unterlage. Merkwürdigerweise wählen die Raupen dabei fast immer den Tüll, der den Käfig umgibt; einige wandern jedoch bis zu einem Zweig oder einem Ästchen. Für den Fotografen sind das die interessantesten Stellen, denn so ist das Schlüpfen aus der Puppe am leichtesten zu fotografieren. Sobald die Raupe sich einen seidenen Gürtel um den Leib gesponnen hat, kann man den Zweig aus dem Käfig herausnehmen und ihn in eine für die Aufnahme adäquatere Umgebung stellen.

Die Puppenruhe dauert zirka drei Wochen. Während dieser Zeit verwandeln sich die Raupenorgane in die Organe der künftigen Falter. Wenn die zusammengefaltenen gelben Flügel des Schmetterlings durch die glasig gewordene Puppenhülle durchschimmern, rückt die Geburt in unmittelbare Nähe. Es wird höchste Zeit, Beleuchtung, Ausschnitt und Schärfeeinstellung festzulegen und ein wachsames Auge auf die «häßliche» Puppe zu richten, denn die Verwandlung in eine zerbrechliche Schönheit kann sich in wenigen Minuten vollziehen. Sie kann allerdings auch Stunden dauern.

Am schwierigsten zu fotografieren ist die Paarung der Falter. Eine Wolframlampe (500 W) über dem Käfig dient als «künstliche» Sonne. Sie strahlt das notwendige Licht und die erforderliche Wärme (25° bis 30°) aus. Die Schmetterlinge versorgt man mit Zuckerwasser, das man in Behälter in der Form einer Blume (siehe Zeichnung Seite 138) gegossen hat. Einige Blätter, auf denen die Weibchen später ihre Eier legen, vervollkommnen die Ausstattung.

Bei einer solchen Züchtung ist es äußerst wichtig zu wissen, wovon die

Raupen sich in der Natur ernähren. Manche haben nämlich ganz spezielle Ansprüche und treten lieber in Hungerstreik, als daß sie eine ungewohnte Nahrung zu sich nehmen. Die Raupe des Schwalbenschwanzes (Papilio machaon) verzehrt z. B. nur wilde Möhren, die des Tagpfauenauges (Inachis io) nur Brennesselblätter. Um die richtige Nahrung für die Raupen herauszufinden, brauchen Sie oft nur zu wissen, auf welcher Pflanze Sie die Raupe gefunden haben. Es ist manchmal leichter, den Namen der Pflanze als die Pflanze selber zu finden.

Amphibien

Beispiel: Züchtung von Molchen.

Die erwachsenen Molche werden mit einem Kescher gesammelt; am besten im März, wenn sie sich zur Paarungszeit in großer Menge im Teich befinden. Sie brauchen nur ein einziges Paar herauszufischen und die Zucht ist gewährleistet, denn die Weibchen legen ihre Eier genauso gut in einem Aquarium wie draußen im Teich. Mit einem größeren Fang würden Sie die Tiere grundlos dezimieren.

Die Tiere werden mit Schlammwürmern ernährt. Einige Wasserpflanzenbüschel – wie z. B. die kanadische Wasserpest (Elodea canadensis) – werden dem Weibchen hingestellt, damit es seine Eier darauf ablegen kann. Diese Pflanzen hält man am besten mit einem biegsamen Bleistreifen am Grund des Aquariums fest.

Nach einem spektakulären Hochzeitstanz sondert das Männchen eine gelatineartige Masse ab: die Spermatophore, ein Samenträger. Einige Minuten später saugt das Weibchen diese Spermatophore mit ihrer Kloake auf:

Das Ausschlüpfen eines Schmetterlings. Die Puppe hängt mittels eines Seidenfadens an einem Brennesselblatt. Die Farben der Flügel schimmern schon durch die durchsichtige Hülle (links oben: [3x]. Rechts: die Puppe [5x] öffnet sich. Der Schmetterling kriecht langsam heraus.

Abbildungsmaßstab: 1:1,11. Makroobjektiv 55 mm und Zwischenring. Beleuchtung: Elektronenblitz.

Stabheuschreckeneier [18x]. Diese werden von den Eltern direkt auf den Boden gelegt.

Abbildungsmaßstab: 3:1.
Makroobjektiv 25 mm Photar.
Blende: 11.
Beleuchtung: Eltronenblitz.

Die Befruchtung hat stattgefunden. Das Weibchen legt dann während mehrerer Tage seine Eier der Reihe nach auf Blätter der Wasserpflanzen, wobei es sie sorgfältig mit den Hinterbeinen festklebt.

Die Larven der Molche besitzen links und rechts am Kopf breite Federwedel, mit denen sie atmen können: die äußeren Kiemen. Der Entwicklungsprozeß zum erwachsenen Lurch beginnt mit dem Heranwachsen der vorderen Beine; das hintere Beinpaar entwickelt sich erst später. Im ersten Stadium werden die Larven mit kleinen Süßwasserkrebstieren ernährt, mit Hüpferlingen oder Wasserflöhen; später, wenn sie größer sind, mit Schlammwürmern. Im Juli/August bilden sich die Kiemen zurück; es entwickeln sich Lungen. Die Verwandlung der Larven zu Molchen ist nun vollendet. Sie verlassen das Wasser und leben auf feuchtem Boden. Man muß für sie ein Paludarium (Aquarium für Amphibien, in dem ein Landteil aus Kies und Moos das Ufer eines Teiches ersetzen soll) vorbereiten.

Wenn die Legzeit vorbei ist, läßt man die Wassermolch-Eltern, die aus dem Wasser herauswollen und dauernd ihre Nase herausstrecken, entweder in die freie Natur zurück oder man behält sie im Paludarium, wenn man sie später noch braucht.

Wassertiere

Beispiel: Libellenlarven.

Die dicken Larven der Großen Edellibellen (Gattung Aeschna) gehören zu den häufigsten und interessantesten Libellenlarven. Wenn man nicht zu lange warten will, um ihre Verwandlung zu beobachten, empfiehlt es sich, eine ziemlich große Larve herauszufischen (die maximale Größe beträgt etwa 45 mm). Diese Larven sind kräftige Räuber, die sich mit Vorliebe von Schlammwürmern ernähren. Kurz vor der Verwandlung hört die Larve zu fressen auf und versucht aus dem Wasser zu kommen: Zu dieser Zeit muß man einen Zweig in das Aquarium stellen, der weit über die Wasseroberfläche hinausragt. Sobald die Larve hinauf klettert, muß man seine fotografische Ausrüstung vorbereiten. Nach einigen Stunden wird man für seine Geduld belohnt: eine unvergeßliche Szene spielt sich vor uns ab. (Dabei muß man daran denken, den Abbildungsmaßstab schnell zu ändern, da die Libelle weit größer ist als die Larve.)

Ausschlüpfen einer Stabheuschrecke [30x]. Um aus der Schale herauszukriechen, drückt das Junge, bis der Eideckel aufspringt. Dann stützt es sich auf die Schale, um seine langen Beine herauszuziehen.

Abbildungsmaßstab: 5:1.
Makroobjektiv 25 mm Photar.
Blende: 8.
Beleuchtung: Elektronenblitz.

Schmetterlingszucht
Käfig zum Selberbauen

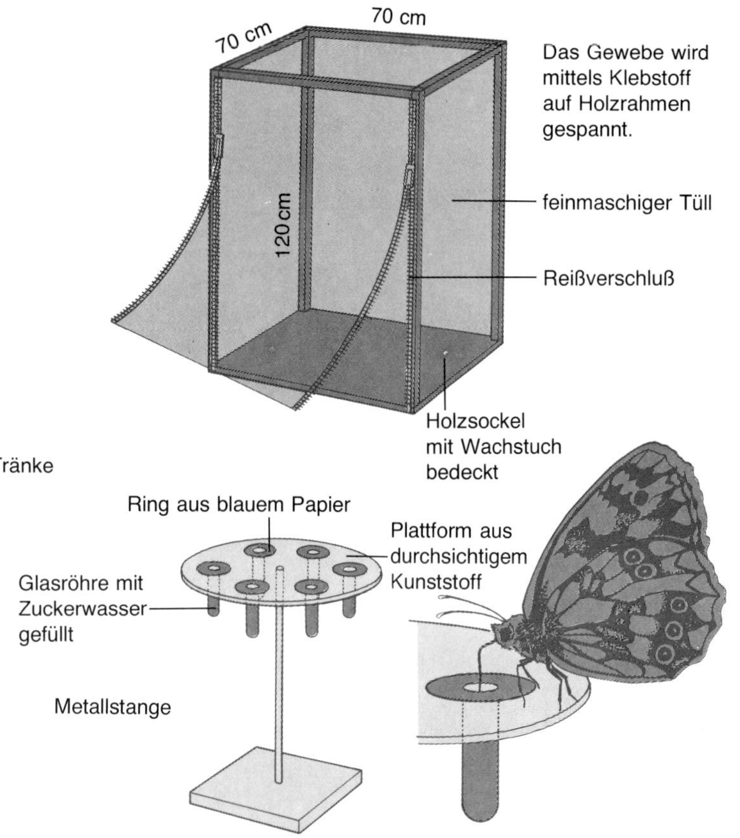

Anordnung für Innenaufnahmen von Tieren, die am Boden leben

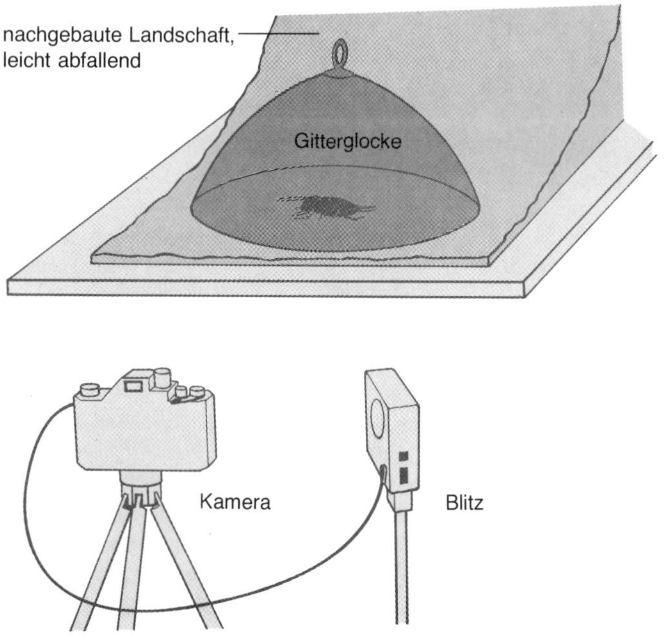

Die Aufnahmen im «Labor»

Tiere, die am Boden leben

Aufnahmen von kleinen Tieren, die man in der Natur am Boden krabbeln sieht, sind im Labor schon deshalb einfacher als in freier Natur, weil dort der «Boden» sozusagen höher gestellt werden kann. Das Terrarium kann aus Erde, trockenen Blättern, Moos, Borken, Steinen usw. bestehen, je nach Umgebung, in der das Tier in der Natur lebt. Man legt diese Zutaten auf eine Holzplatte (zirka 40x60 cm), so daß man sie bei Korrektur des Ausschnittes gegebenenfalls auf dem Arbeitstisch verschieben kann. (Es ist nämlich viel einfacher, das Motiv zu bewegen als die Kamera samt schwerem Stativ.)

Um zu vermeiden, daß der Hintergrund zu dunkel wird, muß damit eine Hohlkehle gebildet werden, die eine räumliche Tiefe vortäuscht. Damit das Insekt nicht ständig aus dem Bildfeld verschwindet, wird eine Gitterglocke (siehe Zeichnung links) darüber gestellt. Hat es sich beruhigt, so kann man durch die Maschen des Gitters die Schärfe sehr präzis einstellen. Kurz vor dem Auslösen hebt man die Glocke hoch und stellt sie nach der Aufnahme wieder zurück.

Tiere, die auf Pflanzen leben

Diese Tiere suchen sich fast immer eine bestimmte Pflanze aus, auf der sie ihr Leben verbringen. Diese Wahl muß vom Fotografen unbedingt respektiert werden, wenn er den Lebensraum der Tiere im Atelier nachbaut und keine für den Kenner sofort sichtbaren Fehler machen möchte. Das einfachste dabei ist, die Tiere mit ihrer Wirtspflanze mit zu sich nach Hause zu nehmen. Sicher könnten sich die Tiere aus purem Zufall auf dieser oder jener Pflanze befinden. Ein zoologisches Handbuch hilft uns aber dabei, herauszufinden, in welcher Umgebung das Tier sich aufzuhalten pflegt.

Die Pflanze wird dann in eine Vase gestellt, um sie möglichst lange frisch zu halten. Weitere Pflanzen im Hintergrund erwecken den Eindruck einer Freilandaufnahme. Der Fotograf genießt dabei den Vorteil, vor keinem pflanzlichen Wirrwarr wie in der Natur zu stehen, der die Klarheit der Aufnahme oft beeinträchtigt.

Ein Blatt grünes Papier (50 cm hoch), hinter das Motiv gestellt und durch ein zweites Blitzgerät erhellt, hebt die Schattenzonen auf.

Tiere, die im Wasser leben

Um Wassertiere in ihrem natürlichen Element zu zeigen, muß man sie durch die Scheibe eines Aquariums aufnehmen. Alle im Handel angebotenen Aquarien eignen sich für Aufnahmen von Tieren mittlerer Größe. Wenn aber sehr kleine Tierarten fotografiert werden sollen, muß man sein Aquarium schon selbst bauen. Um ein adäquates Aquarium zu bauen, benötigt man Glasscheiben (Stärke zirka 2 mm, wie z. B. die Schutzglasscheiben für Bilderrahmen), die man nach den auf dem Schema rechts oben angegebenen Maßen schneiden läßt. Die verschiedenen Teile des Aquariums werden dann mit einem Spezialkleber für Glas zusammengefügt.

Für die winzigen Tierarten (Krebstiere, Schnakenlarven und dergleichen) wird am besten ein Mikro-Aquarium mit zwei zusammengeklebten Glasträgern (Stärke 1 mm) gebaut.

In alle Aquarien – mit Ausnahme des Mikro-Aquariums – muß eine Glasscheibe hineingestellt werden. Diese ist etwas kleiner als die Vorderwand des Aquariums und dient dazu, sehr unruhige Tiere im vorderen Teil des Aquariums – d. h. praktisch auf einer Ebene – einzusperren und somit die Aufnahme zu erleichtern.

Die erste Bedingung, um gute Aufnahmen zu erhalten, ist erfüllt, wenn die Glasscheiben (innen wie außen) des Aquariums sauber sind.

Um Blitzreflektionen an der Aquarienscheibe nicht mit auf den Film zu bekommen, muß man das Blitzgerät so stellen, daß sein Licht etwa in einem

Aquarien, speziell für Makrofotografie

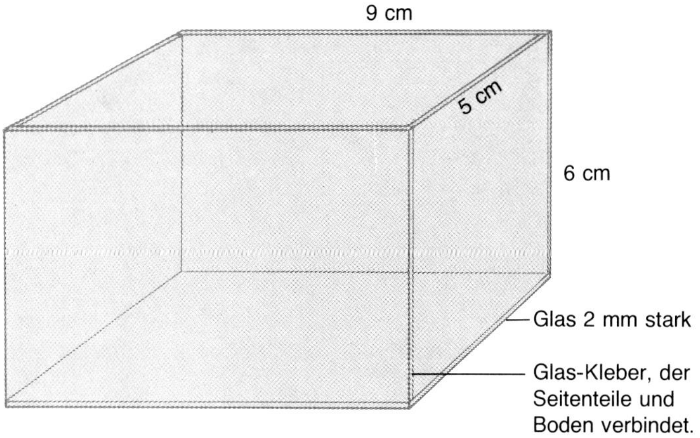

Mikro-Aquarium

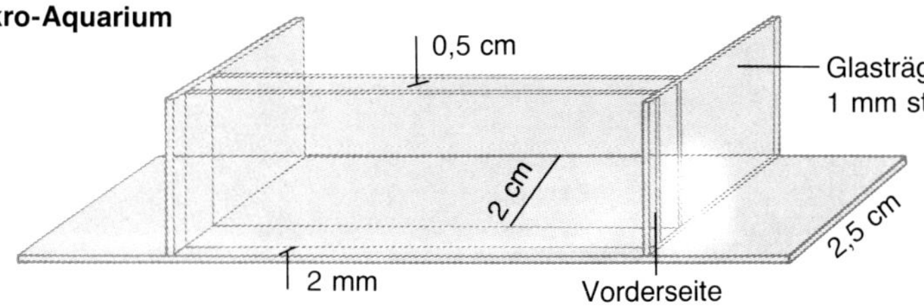

Anordnung für Aquariumfotografie
Bauplan von oben

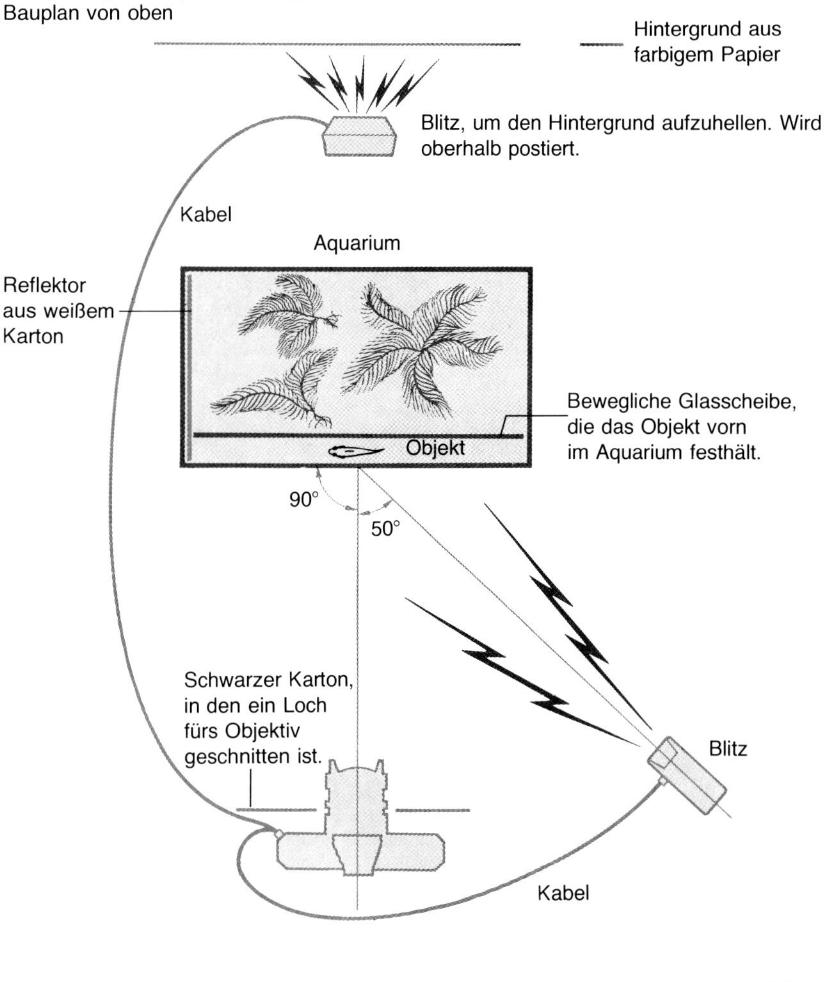

Rückenschwimmer (Notonecta glauca) [7x] unter Wasser. Diese Wanze schwimmt immer auf dem Rücken, wobei sie mit ihren langen Schwimmbeinen rudert.

Aquariumaufnahme. Hintergrund: Blaugrünes Papier im Aquarium.

Abbildungsmaßstab: 1,1:1.
Brennweite: 105 mm und Balgengerät.
Blende: 22.
Beleuchtung: Elektronenblitz

Rechts: Zuckmückenlarve (Familie Tendipedidae) [12x]. Dank ihrer Luftblase können die Zuckmückenlarven im Wasser schweben; sie können aber auch steigen und sinken.

Abbildungsmaßstab: 2,8:1.
Makroobjektiv 55 mm und Balgengerät.
Blende: 22.
Beleuchtung: Elektronenblitz.

Winkel von 50° auf die Frontscheibe trifft. Dieser Winkel wird mit einem Winkelmesser gemessen. Unter dieser Bedingung wird nur ein Teil des Lichtes zur Ausleuchtung des Aquariums ausgenutzt (der andere Teil der Blitzlichtstrahlen wird von der Glasscheibe reflektiert und geht daher für die Ausleuchtung des Motivs verloren). Dieser Lichtverlust muß durch eine Annäherung des Blitzgerätes ausgeglichen werden. (Dieser Verlust beläuft sich auf etwa 50 %; insofern braucht man, um den richtigen Abstand herauszufinden, nur den normalerweise verwendeten Abstand Blitz-Objekt durch 1,4 zu dividieren.)

Ein an der Rückwand des Aquariums angebrachter Reflektor (weißer Karton) ermöglicht eine gleichmäßige Ausleuchtung des gesamten Aquariums.

Als Hintergrund kann man einen Karton verwenden, der entweder hinter der Rückwand angebracht (in einer Entfernung von etwa 0,5 m) oder unmittelbar an die Rückwand im Aquarium selbst geklebt wird. Diesen Hintergrund erhellt man mittels eines zweiten Blitzgerätes. Schließlich, um Spiegelungen der Kamera oder Hände an der Aquarienscheibe zu vermeiden, braucht man einen schwarzen Karton, in den man ein Loch für das Objektiv herausgeschnitten hat (siehe Zeichnung Seite 139).

Zurück zur Natur

Zum Schluß wollen wir Ihre Aufmerksamkeit auf das Los dieser kleinen gefangenen Lebewesen lenken. Bedenken Sie immer: So tiergerecht ein Aquarium bzw. Terrarium auch sein mag, so haben Sie die betreffenden Tiere doch der Natur entnommen. Wenn man seine Beobachtungen und Fotostudien beendet hat, sollte man diese Tiere dorthin zurückbringen, wo man sie gefangen hat.

Oben: Kaulquappe eines Frosches [2,5x]. Aquariumaufnahme.

Abbildungsmaßstab: 1:3,33.
Makroobjektiv 55 mm.
Blende: 22–32.
Beleuchtung: Elektronenblitz.
Grüner Hintergrund hinter dem Aquarium, durch ein zweites Blitzgerät aufgehellt.

Unten: Endphase der Metamorphose [3x]. Der junge Frosch hat nur noch den Rest des Kaulquappenschwanzes.

Abbildungsmaßstab: 1:1,66.
Makroobjektiv 55 mm.
Blende: 22–32.
Beleuchtung: Elektronenblitz.

Aufnahme mit einem Teleobjektiv 300 mm. Dieses Objektiv erweist sich als sehr nützlich, wenn es darum geht, scheue Tiere aufzunehmen, wie z. B. Schmetterlinge, Libellen oder Schlangen. Selbstgebautes Schulterstativ aus Holz, um verwakkelte Bilder zu vermeiden. Auslösung mittels Handgriff. Belichtungsmesser: Lunasix mit Televorsatz.

Nachwort

Alle Bilder dieses Buches sind das Produkt von fünf Jahren Arbeit – so könnten wir dieses Buch schließen. Wenn auch tatsächlich fünf Jahre zwischen den ersten und letzten Aufnahmen liegen und wir uns auch immer intensiv mit der Materie beschäftigt haben: Als «Arbeit» wollen wir das, was wir dabei erlebt haben, nicht bezeichnen.

Oder sollen wir behaupten, daß wir dabei unsere ganze Geduld verbraucht hätten? Allzuviel «Geduld» war in den seltensten Fällen erforderlich.

Wir brauchten nur eines zu beachten, nämlich die Lebensweise der Tiere, die wir fotografieren. Wir brauchten nur das hektische Tempo des modernen Lebens vergessen und uns allmählich dem Rhythmus unserer «Modelle» anzupassen. Immer wieder hat uns fasziniert, wie entschlossen die Tiere ihr spezifisches Verhalten an den Tag legten – auch wenn uns das manchmal am Fotografieren hinderte. Aus Bequemlichkeitsgründen etwa das Verhalten der Tiere zu beeinflussen, gelingt nur selten und auch nur bei manchen Tieren – und wenn überhaupt, dann nur nach einem langen «Zusammenleben».

Wir sind und bleiben abhängig von den Launen der Natur: Regen, Wind können seit langem geschmiedete Pläne auf einmal zerstören. Dem Zufall haben wir aber auch kostbare Entdeckungen zu verdanken, die wir mit langen planmäßigen Forschungen vielleicht nie gemacht hätten.

Der Wechsel der Jahreszeiten zwingt uns schließlich, einen gewissen Rhythmus einzuhalten. Jede Änderung der klimatischen Bedingungen bewirkt eine andere Konstellation von Tieren und Pflanzen, die uns eine bestimmte Arbeitsweise diktiert. Durch den raschen Wechsel des Tierlebens im Jahresverlauf wurden wir auch manchmal gezwungen, mehrere Jahre nacheinander wiederholt Aufnahmen von Motiven zu machen, um ein flüchtiges Geschehen einmal richtig auf dem Film zu bekommen. So z. B. die Paarung der Kröte, wobei wir jahrelang nur enttäuschende Bilder gemacht hatten. Die Hoffnung, den Mißerfolg wiedergutzumachen, wurde jedes Mal auf ein weiteres Jahr verschoben. Erst nach vier Jahren waren wir mit dem Ergebnis zufrieden.

Will man in die Geheimnisse der Fauna und Flora eindringen, so soll man sich ihren Gesetzen und Sitten anpassen.

Die ersten Mißerfolge sind auch nur ein Beweis dafür, daß wir diese Welt, in die wir glaubten, ungestüm eindringen zu können, verkannten.

Versucht der Fotograf diese Welt immer naturgetreuer abzubilden, so spürt er bald, wie der scheinbare Widerstand der Natur allmählich nachläßt. Die Hindernisse resultierten offensichtlich aus seinem eigenen Verhalten!

Sind diese Schwierigkeiten einmal überwunden, bleibt uns nur zu beweisen, daß wir der Szenen, die sich vor unseren Augen abspielen, fotografisch gerecht werden. Eine spannende Aufgabe, die einen nicht mehr losläßt.

Aufnahme eines Schmetterlings, der gerade eine Blüte besucht. Nikon mit Micro-Nikkor 1:3,5/55 mm und Schachtsucher.

Anhang

Kalender für den Naturfreund

Dieser Jahresüberblick gilt zuallererst für das Tierleben in den gemäßigten Zonen. Im Gebirge und in nördlichen Breiten, wo der Winter länger dauert, treten die selben Phänomene auf, aber innerhalb eines Zeitraumes von vier bis fünf Monaten.

	Auf der Wiese	Am Teich	Im Wald
Frühling	Ausschlüpfen der ersten Schmetterlinge.	Paarung und Eiablage bei Fröschen und Kröten.	Keimen von Eichel, Kastanie ...
	Bienen, Hummeln, Gold- und Rosenkäfer erscheinen.	Paarung der Molche.	Farnkraut.
	Ausschlüpfen der Gottesanbeterin.	Nestbau des Stichlings.	Spanner-Raupen.
		Metamorphose der Libellenlarven.	Wanderraupen.
		Köcherfliegenlarven.	Rosenkäfer.
		Eintagsfliege.	Maikäfer.
Sommer	Grillen und Heuschrecken.	Wasserfrosch (Kaulquappen und Erwachsene).	Hirschkäfer (auch schon Frühlingsende).
	Grasfrösche.	Metamorphose der Kaulquappen des Grasfrosches (Sommeranfang).	Zikaden.
	Laubfrösche (im Gebüsch).	Kohlschnake.	Eichengalle.
	Doldenblüte (zahlreiche bestäubende Insekten).	Paarung der Schlankwasserjungfern (Frühlingsende und den ganzen Sommer über).	Geburt des Riesenbocks.
	Gottesanbeterin (Spätsommer).		Eichenblattroller.
Herbst	Gemeine Kreuzspinne.	Zahlreiche Teichläufer.	Sporen auf Farnkraut.
	Bestäubende Insekten auf Efeublüte.	Gelbrandkäfer.	Pilze.
Winter	Insekten unter Steinplatten.	Tiere in schlammigen Böden.	Knospen.
			Insekten unter alten Baumstämmen und im Moos.

Spiegelreflexkameras von A bis Z

Modell	Makro-Objektiv	Ringblitz-Objektiv	Innenmessung	Offenblendemessung	Arbeitsblendenmessung	Ganzfeldmessung mittenbetont	Integralmessung	Integral-/Spotmessung variabel	Blendenautomatik (Offenblendemessung)	Zeitautomatik	Zeit/Blendenautomatik	manuelle Belichtungsregelung	Verschlußzeiten in sec.	Winkelsucher	Lupenadapter	Einstellscheiben auswechselbar	Motorantrieb	Winderantrieb	Fernsteuerung möglich	Mikroskopadapter	Makrostativ	Zwischenringe mit Blendenübertragung	Zwischenringe ohne Blendenübertragung	Vorsatzlinsen	Umkehrring	Balgengerät mit Blendenübertragung	Balgengerät ohne Blendenübertragung	Preisgruppe
Asahi Pentax K 1000	○		●	●			●					●	1-$^{1}/_{1000}$ B	○	○					○	○	○	○	○	○	○	○	1
Asahi Pentax MX	○		●	●		●						●	1-$^{1}/_{1000}$ B	○	○	●	○	○	○	○	○	○	○	○	○	○	○	1
Asahi Pentax ME	○		●	●		●				●			8-$^{1}/_{1000}$ B	○	○			○	○	○	○	○	○	○	○	○	○	2
Asahi Pentax K 2	○		●	●		●				●		●	8-$^{1}/_{1000}$ B	○	○					○	○	○	○	○	○	○	○	2
Asahi Pentax K 2 DMD	○		●	●		●				●		●	8-$^{1}/_{1000}$ B	○	○		○		○	○	○	○	○	○	○	○	○	3
Canon A-1	○		●	●	●	●			●	●	●	●	30-$^{1}/_{1000}$ B	○	○	●	○	○	○	○	○	○	○	○	○	○		3
Canon AT-1	○		●	●		●						●	2-$^{1}/_{1000}$ B	○	○			○		○	○	○	○	○	○	○		2
Canon AE-1	○		●	●		●			●			●	2-$^{1}/_{1000}$ B	○	○			○		○	○	○	○	○	○	○		2
Canon F-1	○		●	●	●				○			●	1-$^{1}/_{2000}$ B	○	○	●	○		○	○	○	○	○	○	○	○		3
Contax 137 Quartz	○	○	●	●		●				●			4-$^{1}/_{1000}$ B	○	○			●	○	○	○	○		○		○		
Contax 139 Quartz	○	○	●	●		●				●		●	1-$^{1}/_{1000}$ B	○	○			○	○	○	○	○		○		○		
Contax RTS	○	○	●	●		●				●		●	15-$^{1}/_{2000}$ B	○	○	●	○	○	○	○	○	○		○		○		3
Fujica ST 650 N	○		●		●							●	$^{1}/_{2}$-$^{1}/_{700}$ B	○						○				○	○		○	1
Fujica ST 705 W	○		●	●	●	●						●	1-$^{1}/_{1500}$ B	○				○		○			○	○	○		○	1
Fujica AZ-1	○		●	●	●					●		●	$^{1}/_{2}$-$^{1}/_{1000}$ B	○				○		○			○	○	○		○	2
Leica R 3 electronic	○		●	●	●	●	●	●		●		●	4-$^{1}/_{1000}$ B	○		●				○	○	○[1]	○	○			○	5
Leica R 3 MOT electr.	○		●	●	●	●	●	●		●		●	4-$^{1}/_{1000}$ B	○		●		○	○	○	○	○[1]	○	○			○	5
Minolta XD 7	○		●	●	●		●		●	●	●	●	1-$^{1}/_{1000}$ B	○	○			○	○	○	○	○	○	○	○	○	○	2

● Grundausstattung, ○ Zubehör

Preisgruppe 1: bis 500 DM; 2: 500 – 1000 DM; 3: 1000 – 1500 DM; 4: über 1500 DM.

[1] für 2 Macroobjektive

Spiegelreflexkameras von A bis Z

Modell	Makro-Objektiv	Ringblitz-Objektiv	Innenmessung	Offenblendenmessung	Arbeitsblendenmessung	Ganzfeldmessung mittenbetont	Integralmessung	Integral-/Spotmessung variabel	Blendenautomatik (Offenblendemessung)	Zeitautomatik	Zeit/Blendenautomatik	manuelle Belichtungsregelung	Verschlußzeiten in sec.	Winkelsucher	Lupenadapter	Einstellscheiben auswechselbar	Motorantrieb	Winderantrieb	Fernsteuerung möglich	Mikroskopadapter	Makrostativ	Zwischenringe mit Blendenübertragung	Zwischenringe ohne Blendenübertragung	Vorsatzlinsen	Umkehrring	Balgengerät mit Blendenübertragung	Balgengerät ohne Blendenübertragung	Preisgruppe
Minolta XG 2	○		●	●			●			●		●	1-1/1000 B	○	○			○	○	○	○	○	○	○	○	○	○	2
Nikon FE	○	○	●	●	●	●				●		●	8-1/1000 B	○	○	●	○		○	○		○	○	○	○		○	2
Nikon FM	○	○	●	●	●	●						●	1-1/1000 B	○	○		○		○	○		○	○	○	○		○	2
Nikon F 2 A Photomic	○	○	●	●	●	●						●	1-1/2000 B	○	○	●	○		○	○		○	○	○	○		○	3
Nikon F 2 AS Photomic	○	○	●	●	●	●			○			●	10-1/2000 B	○	○	●	○		○	○		○	○	○	○		○	4
Olympus OM-1	○		●	●		●						●	1-1/1000	○		●	○	○	○	○	○		○	○			○	2
Olympus OM-2	○		●	●		●				●		●	60-1/1000 B	○		●	○	○	○	○	○		○	○			○	2
Olympus OM-10	○		●	●		●				●			1-1/1000	○				○	○		○		○	○			○	
Praktica L 2	○	○										●	1-1/1000 B	○						○	○	○		○	○		○	1
Praktica Super TL 3	○	○	●		●	●						●	1-1/500 B	○					○	○	○	○		○	○		○	1
Praktica MTL 3	○	○	●		●	●						●	1-1/1000 B	○					○	○	○	○		○	○		○	1
Praktica PLC 3	○	○	●	●	●	●						●	1-1/1000 B	○					○	○	○	○		○	○		○	1
Praktica VLC 2	○	○	●	●	●	●						●	1-1/1000 B	○	○	●			○	○	○	○		○	○		○	1
Praktica EE-2	○	○	●	●	●	●			●			●	1-1/1000 B	○					○	○	○	○		○	○		○	2
Rolleiflex SL 35 E			●	●	●		●			●		●	16-1/1000 B			●		○		○		○			○	○		2
Yashica FR	○	○	●	●		●						●	1-1/1000 B	○	○			○	○	○	○	○		○		○		2
Yashica FR I	○	○	●	●		●				●		●	4-1/1000 B	○	○			○	○	○	○	○		○		○		2
Yashica FR II	○	○	●	●		●				●			1-1/1000 B	○	○			○	○	○	○	○		○		○		2

Begriffe und nützliche Formeln

● Motivgröße: Angegeben ist die maximale Größe des Motivs im Verhältnis zum Abbildungsmaßstab (AM). Bei einem AM 1:1 ist sie gleich der Bildgröße, d.h. 24 x 36 mm.
Für andere Abbildungsmaßstäbe wird sie folgendermaßen errechnet (AM 2:1):

Motivhöhe: $\frac{24}{2}$; Motivbreite: $\frac{36}{2}$; d.h. 12 x 18 mm usw.

● Die Auszugsverlängerung im Verhältnis zu einem bestimmten AM wird folgendermaßen errechnet: Auszugsverlängerung (A) = Objektivbrennweite (f) x Abbildungsmaßstab (AM).
A = f x AM

● Der Belichtungsverlängerungsfaktor wird folgendermaßen errechnet: Belichtungsverlängerungsfaktor = $(AM + 1)^2$

Abstand zum Objekt, Abbildungsmaßstab, Objektfeldgröße, Belichtungsfaktor je nach Auszugsverlängerung

50-mm-Objektiv				
Auszugsverlängerung mm	Abstand zum Objekt mm	Abbildungsmaßstab	Objektfeldgröße mm	Belichtungsfaktor
5	550	0,1 (1:10)	240 x 360	1,2
10	300	0,2 (1:5)	120 x 180	1,4
15	217	0,3 (1:3,3)	80 x 120	1,7
20	175	0,4 (1:2,5)	60 x 90	2
25	150	0,5 (1:2)	48 x 72	2,3
30	133	0,6	40 x 60	2,6
35	121	0,7	34 x 51	2,9
40	113	0,8	30 x 45	3,2
45	106	0,9	27 x 40	3,6
50	100	1	24 x 36	4
55	95	1,1	22 x 33	4,4
60	92	1,2	20 x 30	4,8
70	86	1,4	17 x 26	5,8
80	81	1,6	15 x 23	6,8
90	78	1,8	13 x 20	7,8
100	75	2	12 x 18	9
110	73	2,2	11 x 16	10,2
120	71	2,4	10 x 15	11,6
130	69	2,6	9 x 14	13
140	68	2,8	9 x 13	14,4
150	67	3	8 x 12	16
170	65	3,4	8 x 11	19,4
180	64	3,6	7 x 10	21,2
200	63	4	6 x 9	25
220	61	4,4	5 x 8	29

$(1 + \frac{1}{AM}) \times f$

100-mm-Objektiv				
Auszugsverlängerung mm	Abstand zum Objekt mm	Abbildungsmaßstab	Objektfeldgröße mm	Belichtungsfaktor
5	2 100	0,05	480 x 720	1,1
10	1 100	0,10	240 x 360	1,2
15	767	0,15	160 x 240	1,3
20	600	0,20	120 x 180	1,4
25	500	0,25	96 x 144	1,6
30	433	0,30	80 x 120	1,7
35	386	0,35	69 x 103	1,8
40	350	0,40	60 x 90	2
45	322	0,45	53 x 80	2,1
50	300	0,50	48 x 72	2,3
55	282	0,55	44 x 65	2,4
60	267	0,60	40 x 60	2,6
70	243	0,70	34 x 51	2,9
80	225	0,80	30 x 45	3,2
90	211	0,90	27 x 40	3,6
100	200	1,00	24 x 36	4
110	191	1,10	22 x 33	4,4
120	183	1,20	20 x 30	4,8
130	177	1,30	18 x 27	5,3
140	171	1,40	17 x 26	5,8
150	167	1,50	16 x 24	6,3
170	159	1,70	14 x 21	7,3
180	156	1,80	13 x 20	7,8
200	150	2,00	12 x 18	9
220	145	2,20	11 x 16	10,2

Anwendung des Belichtungsfaktors

Belichtungsfaktor	Blende öffnen um:	oder Abstand Blitz-Objekt teilen durch
1,5	$^1/_2$ Stufe	1,2
2	1 Stufe	1,4
3	$1^1/_2$ Stufen	1,7
4	2 Stufen	2
6	$2^1/_2$ Stufen	2,5
8	3 Stufen	2,8
12	$3^1/_2$ Stufen	3,5
16	4 Stufen	4
24	$4^1/_2$ Stufen	5
32	5 Stufen	5,7

Schärfentiefetabelle (mm)

Verhältnis Abbildungsmaßstab/Blende

AM \ f	5,6	8	11	16	22	32
0,1	41	59	81	117	160	235
0,2	11	16	22	32	44	64
0,33	4,5	6,4	8,8	12,8	17,6	25,6
0,5	2,2	3,2	4,4	6,4	8,8	13
0,66	1,7	2	3,3	4	6,6	8
1	0,8	1,1	1,5	2,1	3	4,2
1,5	0,41	0,6	0,8	1,2	1,6	2,4
2	0,28	0,4	0,55	0,8	1,1	1,6
3	0,16	0,25	0,32	0,47	0,64	1
4	0,11	0,16	0,22	0,32	0,44	0,64
5	0,09	0,13	0,18	0,25	0,36	0,5

Die Schärfentiefe verdoppelt sich jedesmal, wenn man die Blende um 2 Stufen schließt.
Die Schärfentiefe erstreckt sich $^1/_3$ vor und $^2/_3$ hinter der Einstellebene.

Bereich, in dem durch Beugungserscheinungen bei kleiner Blendenöffnung die Schärfeleistung eines Objektivs abnimmt.

Karteikarte

Auf dieser Karte sind die Bedingungen notiert, unter denen die Aufnahme entstanden ist. So lassen sich bei ähnlichen Gelegenheiten Fehler vermeiden. Die Rahmen der Dias versieht man mit Film- und Bildnummer, um unnötiges Suchen zu vermeiden.

Film-Nummer:			Film-Empfindlichkeit:			
Bild-Nr.	Datum	Objektiv	Blende	AM	Blitz	Bemerkungen

Farbtemperatur

Die Farbtemperatur wird in Kelvingraden (° K) gemessen. Schwächeres Licht (z.B. Glühbirne von etwa 2500° K) erscheint gelblich. Stärkeres Licht (z.B. Tageslicht bis 10000° K) erscheint weiß oder bläulich.
Dieses Phänomen kann man auch gut beim Erhitzen von Stahl verfolgen, der zunächst rötlich, dann gelblich und bei höchsten Temperaturen weißlich leuchtet.

Tageslichtfilme sind für eine Farbtemperatur von etwa 6000° K (Sonnenlicht im Sommer um die Mittagszeit bei wolkenlosem Himmel) gedacht. Sie sind aber auch mit großen Toleranzen verwendbar. Filme des Typs Kodachrome II für Kunstlicht sind für eine Farbtemperatur von etwa 3400° K (Nitraphotlampen B 250 W, Überspannungslampen) gedacht, Filme des Typs Ektachrome HS für Kunstlicht von etwa 3200° K (Nitraphotlampen B 500 W).
Korrektionsfilter gestatten die Verwendung der verschiedenen Filmtypen auch unter abweichenden Bedingungen.

Farbtemperatur der Lichtquelle	Kunstlichtfilm Ektachrome HS	Kunstlichtfilm Kodachrome II	Tageslichtfilm
3200° K (Nitraphotlampen B 500 W)	Ja	+ Filter 82 A (Blende um 1/3 öffnen)	+ Filter 80 A (nicht empfehlenswert*) (Blende um 2 Stufen öffnen)
3400° K (Nitraphotlampen B 250 W)	+ Filter 81 A (Blende um 1/3 öffnen)	Ja	+ Filter 80 B (nicht empfehlenswert*) (Blende um 1 Stufe öffnen)
6000° K (Tageslicht, Elektronenblitz)	+ Filter 85 B (Blende um 2/3 öffnen)	+ Filter 85 (Blende um 2/3 öffnen)	Ja

* Es sei denn für Mikroskopaufnahmen, wo es auf die Farbtreue nicht so genau ankommt.

Elektronenblitz

● Farbtemperatur der Blitzstrahlung 6000° K (wie Tageslicht). Elektronenblitze verwendet man mit Tageslichtfilmen.

● Blitzdauer 1/1000 s.

● Elektronenblitze werden mit Verschlußzeiten von 1/60 bis 1/125 s verwendet.

● Die Lichtausbeute geht aus der Leitzahl hervor. Die Hersteller geben die Leitzahl des Blitzgeräts bei einer Empfindlichkeit von 50 ASA (18 DIN) bzw. 100 ASA (21 DIN) an.

Leitzahl = Entfernung Blitzgerät—Motiv in m × Blendenöffnung. Wenn man die Leitzahl für eine bestimmte Filmempfindlichkeit kennt, kann man die Leitzahl für eine andere Empfindlichkeit folgendermaßen errechnen:

$$\text{Leitzahl}_x = \text{Leitzahl}_a \times \sqrt{\frac{x}{a}}$$

a = Empfindlichkeit des Bezugsfilms.
x = Empfindlichkeit des Films, für welche man die Leitzahl errechnen will.

Beispiel:
Leitzahl 20 für einen Film von 50 ASA.
Für einen Film von 200 ASA wird die Leitzahl so ermittelt:

$$20 \times \sqrt{\frac{200}{50}} = 20 \times \sqrt{4} = 20 \times 2 = 40.$$

Film-empfindlichkeit	Leitzahl										
50 ASA	8	10	12	14	16	18	20	22	24	26	28
25 ASA	5,6	7	8,4	9,8	11,2	12,6	14	15,4	16,8	18,2	19,6
100 ASA	11,2	14	16,8	19,6	22,4	25,2	28	30,8	33,6	36,4	39,2
160 ASA	13,6	17	20,4	23,8	27,2	30,6	34	37,4	40,8	44,2	47,6
200 ASA	16	20	24	28	32	36	40	44	48	52	56

● Wenn man die Entfernung Blitzgerät—Motiv durch $\sqrt{2}$, d.h. durch 1,4 dividiert, verdoppelt man die Lichtmenge, die auf das Motiv fällt (d.h. man muß die Blende um eine Stufe öffnen).
Wenn man sie durch $\sqrt{1{,}5}$ (= 1,2) dividiert, erhöht sich die Lichtmenge um 50 % (d.h. daß man die Blende um eine halbe Stufe öffnen muß. Umgekehrt:

Entfernung Blitzgerät—Motiv × 1,4 → 2 mal weniger Licht;
Entfernung Blitzgerät—Motiv × 1,2 → 25 % weniger Licht.

● Errechnung der Leitzahl bei Verwendung von 2 Blitzgeräten:

$$\text{Gesamtzahl} = \sqrt{(\text{Leitzahl Blitz 1})^2 + (\text{Leitzahl Blitz 2})^2}$$

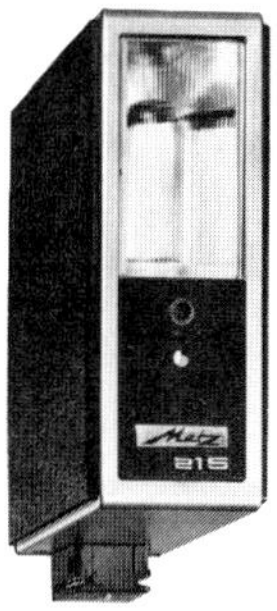

Metz Mecablitz 215.
Computer-Blitzgerät mit
3 Blendenprogrammen.
Leitzahl: 22 für 50 ASA.
Pause zwischen den Blitzen: 7 s.
Blitzdauer: 1/1000 bis 1/50000 s.
Gewicht: 380 g.

Braun Blitzgerät 2000 28 BVC.
Computer-Blitzgerät mit 2 Blendenprogrammen und Vario-Computer.
Leitzahl: 20 für 50 ASA.
Pause zwischen den Blitzen: 6 bis 0,3 s.
Blitzdauer: 1/600 bis 1/30000 s.
Gewicht: 240 g

Metz Mecablitz 402.
Computer-Blitzgerät mit 5 Blendenprogrammen plus Vario-Computer.
Leitzahl: 40 für 50 ASA.
Pause zwischen den Blitzen: 5 bis 1 s.
Blitzdauer: 1/250 bis 1/40000 s.
Gewicht: 2,2 kg.

Abstände Blitz – Objekt

in Zentimetern
bei verschiedenen
Abbildungsmaßstäben und
Leitzahlen

Blende 16

	AM \ LZ	8	10	12	14	16	18	20	22	24
1:10	0,1	46	56	68	80	91	102	113	126	136
1:5	0,2	42	51	63	73	83	93	104	115	125
1:3,3	0,3	38	47	58	68	77	86	96	106	115
1:2,5	0,4	35	44	53	63	71	80	89	97	107
1:2	0,5	33	41	50	59	67	75	83	92	100
	0,6	31	38	47	55	63	70	78	86	93
	0,7	29	36	44	52	59	66	73	82	87
	0,8	27	34	41	49	56	62	69	78	83
	0,9	26	32	39	46	52	59	65	74	79
1:1	1	25	31	37	44	50	56	62	69	75
	1,2	23	28	34	40	46	51	57	63	68
	1,4	21	26	31	36	42	47	52	57	63
	1,6	19	24	29	33	39	43	48	53	58
	1,8	18	22	27	30	36	40	45	50	54
	2	16	20	25	28	33	37	42	47	50
	2,5	14	18	21	25	29	32	36	40	43
	3	12	16	19	22	25	28	31	35	37
	3,5	11	14	17	19	22	24	28	30	33
	4	10	13	15	17	20	22	25	27	30

Blende 22

	AM \ LZ	8	10	12	14	16	18	20	22	24
1:10	0,1	33	42	50	60	67	74	83	90	99
1:5	0,2	30	38	46	55	60	68	75	83	91
1:3,3	0,3	28	35	42	50	56	63	70	77	84
1:2,5	0,4	26	32	40	47	52	59	65	71	78
1:2	0,5	24	30	37	44	48	55	60	66	73
	0,6	23	28	35	41	45	52	57	61	68
	0,7	21	27	32	39	43	48	54	58	64
	0,8	20	25	30	36	40	45	50	56	60
	0,9	19	24	29	34	38	43	48	53	57
1:1	1	18	22	27	32	36	41	45	50	54
	1,2	16	20	25	30	33	38	41	46	49
	1,4	15	19	23	27	30	34	38	41	45

Blende 32

	AM \ LZ	8	10	12	14	16	18	20	22	24
1:10	0,1	23	28	34	40	46	51	57	63	78
1:5	0,2	21	25	31	36	42	47	52	58	63
1:3,3	0,3	19	24	29	34	39	43	48	53	58
1:2,5	0,4	18	22	26	32	36	40	45	49	54
1:2	0,5	17	21	25	30	34	38	42	46	50
	0,6	16	19	24	28	31	35	39	43	47
	0,7	15	18	22	26	30	33	37	41	44
	0,8	14	17	20	25	28	31	35	39	42

Alle Werte wurden nach folgender Formel errechnet:

$$\text{Abstand Blitz – Objekt} = \frac{\text{AM} \times 100}{\text{Blende} \times (\text{AM} + 1)}$$

$$\frac{\frac{100}{AM} \times Lz}{f \times \left(\frac{1}{AM} + 1\right)}$$

Bibliografie

Hans Wilhelm Smolik
Wandern mit offenen Augen – das große Naturbestimmungsbuch
Mosaik Verlag GmbH, München

F. A. Novak
Das große Bilderlexikon der Pflanzen
Bertelsmann Lexikon-Verlag

V. J. Stanek
Das große Bilderlexikon der Tiere
Artia Verlag

Helga Menzel-Tettenborn/F. K. Theodor
Geheimnisse der Natur – Auf den Spuren des Unbekannten und Unerforschten
Praesentverlag, Gütersloh

Insekten + Weichtiere (BLV Bestimmungsbuch)
BLV Verlagsgesellschaft, München

Hans Pfletschinger
Lehrbuch der Kleintierfotografie
Kilda-Verlag, Greven (Westfalen)

Helmut Bechtel
Nahfotografie
Verlag Laterna magica, München

Ludwig Trutnau
Europäische Amphibien und Reptilien
Belser Verlag, Stuttgart

Othmar Danesch
Schmetterlinge – Tagfalter, Nachtfalter
Belser Verlag, Stuttgart

Grzimeks Tierleben – Enzyklopädie des Tierreichs
Band 1: Niedere Tiere, Band 2: Insekten
Kindler Verlag, Zürich

Knaurs Tierreich in Farben – Niedere Tiere, Insekten
Droemersche Verlagsanstalt, München/Zürich

Ernst Kullmann und Horst Stern
Leben am seidenen Faden – Die rätselvolle Welt der Spinnen
Verlag C. Bertelsmann, München/Gütersloh/Wien

Michael Chinery
Insekten Mitteleuropas
Verlag Parey, Hamburg

Lionel Higgins und Norman Riley
Die Tagfalter Europas und Nordwestafrikas
Verlag Parey, Hamburg

Stichwortverzeichnis

e 4

384,– / 79

Umschlag Seite 1: Gepaarte Baumweißlinge.
Vorsatz: Ausschnitt des Auges, das den hinteren Flügel des Tagpfauenauges ziert.
Bild gegenüber Titelseite: Marienkäfer mit erbeuteter Blattlaus.
Seite 144: Falter bei Sonnenuntergang.
Seite 153: Gottesanbeterin auf der Lauer.
Umschlag Seite 4: Erdkröten während der Paarung.

Titel der französischen Originalausgabe:
Photographier la nature.

ISBN 2-01-005416-4

Druck: Aumüller Druck KG Regensburg.
Bindung: Münchner Industriebuchbinderei Urban Meister.
Schutzumschlag-Gestaltung: Günther Herdin.
ISBN 3-87467-153-4